阅读成就思想……

Read to Achieve

治愈系心理学系列

Words of Comfort
How to Find Hope

陪你的悲伤坐一坐

[新西兰]丽贝卡·巴拉格(Rebekah Ballagh)◎著
李晨枫◎译

中国人民大学出版社
·北京·

图书在版编目（CIP）数据

陪你的悲伤坐一坐 /（新西兰）丽贝卡·巴拉格（Rebekah Ballagh）著；李晨枫译. -- 北京：中国人民大学出版社，2022.5
书名原文：Words of Comfort: How to Find Hope
ISBN 978-7-300-30498-4

Ⅰ. ①陪… Ⅱ. ①丽… ②李… Ⅲ. ①心理学－通俗读物 Ⅳ. ①B84-49

中国版本图书馆CIP数据核字(2022)第062822号

陪你的悲伤坐一坐

［新西兰］丽贝卡·巴拉格（Rebekah Ballagh）　著
李晨枫　译
Pei Ni de Beishang Zuoyizuo

出版发行	中国人民大学出版社		
社　　址	北京中关村大街31号	邮政编码	100080
电　　话	010-62511242（总编室）	010-62511770（质管部）	
	010-82501766（邮购部）	010-62514148（门市部）	
	010-62515195（发行公司）	010-62515275（盗版举报）	
网　　址	http://www.crup.com.cn		
经　　销	新华书店		
印　　刷	天津中印联印务有限公司		
规　　格	190mm×210mm　24开本	版　次	2022年5月第1版
印　　张	7.75　插页1	印　次	2022年5月第1次印刷
字　　数	40 000	定　价	59.00元

版权所有　　　侵权必究　　　印装差错　　　负责调换

译者序

　　丧丧的 emo 时刻，有时事出有因，有时又仿佛来得毫无缘由，这些小情绪的来临就像一个突然造访又不受欢迎的客人，我们无法赶跑它们，又惶恐于与之相处。

　　面对这些每人都会经历又各不相同的 emo 时刻，本书用温柔而有力的叙述暖暖地把我们包围。没有复杂的理论，没有烧脑的数据，作者以缤纷的色彩、生动的插画，传递了轻松、无拘无束的感觉，让我们在放松、舒服的阅读体验下，慢慢"内化"这种洒脱、自由感，并最终因对自己情绪的接纳而慢慢从中成长。读完全书的你，会切身感到书中所讲的，愤怒可以，大笑可以，痛哭可以，暂时做不到……也可以！

　　此外，本书还提供了具体、丰富的疗愈理念和工具，通过生活中简单的行动来帮我们看到创伤之外更完全的自己，走出乌云之下的阴霾。当你无所适从时，可以像抽签一样随便翻开一页，获得一些启发和帮助。

最后，本书最打动我的地方，仍然是一幅幅色彩温暖的温柔图画以及一句句短小精悍却充满力量的文字。陷入小确丧或悲伤的我们，可能疲于理解大段文字，但这样原始、直接的信息，可以不经语言的加工，就进入每个人的心里。当看到作者将烦恼比喻为石头，画面中突兀的石头终于变成丰富植物世界中的一小部分时，那种隐喻的力量，仿佛冲破纸张、直击灵魂。

可不是嘛！疲惫受伤时，无声的陪伴、温暖的抱抱，可能比精妙的理论、逻辑更加打动人心。

因此，建议你在打开这本书时，不妨放下所有的思虑、逻辑、评判和要求，像投入一张粉色柔软的大床一样，只是把自己丢进去，投入这个温柔浪漫的空间：你唯一要做的就是打开自己所有的感知和想象，去体验、去经历。

如作者所说，生活从来没有许诺给我们完美，生活给我们的唯一许诺是变化。不如就放松、开放地迎接和拥抱跌宕起伏的生活，陪你的悲伤坐一坐，静静守候这片心灵之地，看看它会生长出一片怎样的葳蕤花园！

欢迎光临，很高兴在这里和你相遇

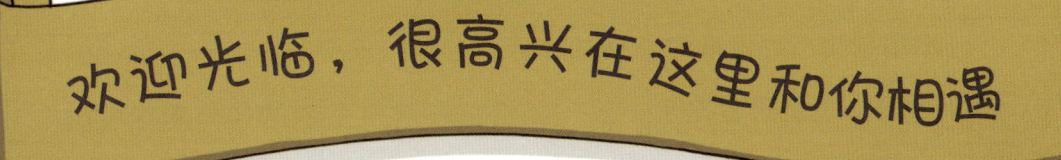

悲伤情绪的表现形式各异、程度不一。你可能出于如下原因而选择了这本书：

- 失去爱人；
- 经历着分离/关系的破裂；
- 经历着生活中的重要改变；
- 正在与健康困扰抗争；
- 有一个处于悲伤中的朋友；
- 和正在经历悲伤的人们共事。

不论出于怎样的原因，选择这里，你来对了。

悲伤是一种非常强烈的体验，很难用语言描述清楚。它充斥着矛盾、复杂的情绪，使你感到无助、绝望，被情绪吞没的你不知道该做什么，也不知道转机在哪里。

那就让这本书来帮助你吧。

这本书将成为你度过悲伤的伙伴。它是一盏引路灯，一个温情的安全空间，一团希望之火，一个让你可以和自己的悲伤一起坐坐的地方。

全书内容分为三章。在第一章中，我们将一同探索悲伤的体验，以及在这一痛苦过程中可能浮现的情绪和想法。第二章将介绍能帮助你度过悲伤的工具箱，包括一些应对悲伤的方法和安慰的话语。第三章聚焦于我们可以从悲伤中得到的收获，它们是乌云背后的一线光明，也蕴藏着让我们成长的潜在机会。

书中的一些描述和阐释可能正是你寻找的答案；另一些可能与你当下正在经历的悲伤体验并不那么符合。带走你想要的，留下你不需要的。

我真诚地希望这本书可以给你带来一些慰藉，让你知道，在经历悲伤时你并非孤身一人。不论现在你的想法和感受如何，请相信它们是正常的、被允许的，全都是悲伤经历中的一部分。

目录

第一章
经历
失去和悲伤的体验
2

第二章
度过
有所帮助的话语和建议
50

第三章
成长
经历失去后的疗愈和收获
122

变化,永无终止。
悲伤,无处躲闪。
失去,不可避免。
而成长,是一种选择。

第一章

经历

本章内容想要呈现出我们处于悲伤状态时可能的表现。希望这些文字和插画能让你感到被理解，可以让你在其中找到认同，并接受这样一个想法：你所经历的悲伤是正常的。有些内容可能和你当下的经历完美契合，而另一些内容可能让你觉得和自己的情况不那么符合。

　　每个人都会以不同方式经历悲伤。它受到很多因素影响：你是谁、你如何管理情绪、你之前的生活经验、养育你成人的家庭文化、你所经历的悲伤类型、你如何解读失去珍爱之物这件事的严重性、你体验到的悲伤是一种突然的打击还是逐渐发展的过程，以及当下你是否还经历着创伤。

　　在下面的阅读中，吸纳并接收让你最能感到联结的文字即可，把在当下无法和你产生共鸣的部分暂时先放在一边。

人们会感到悲伤的一些原因

- 宠物死去
- 关系终结
- 所爱之人离世
- 身体受伤/疾病
- 失去工作
- 生育后生活改变
- 流产/死胎
- 在某事上"失败"
- 搬家/到新的城市生活
- 生意破产/财产损失
- 孩子离家
- 与家庭成员关系恶劣
- 学校变动
- 失去朋友
- 堕胎
- 工作变化
- 失去某个梦想/目标
- 家庭成员生病

有时你会发现自己同时处在多种悲伤中，应接不暇。

悲伤……

- 像海浪一样来了又去
- 令人感到耗竭
- 没有明确的发展过程和结束时间
- 对每个人都不一样
- 既有"还不错的"日子，也有"糟糕"的日子
- 需要时间去消化

我们期待的疗愈过程看起来像……

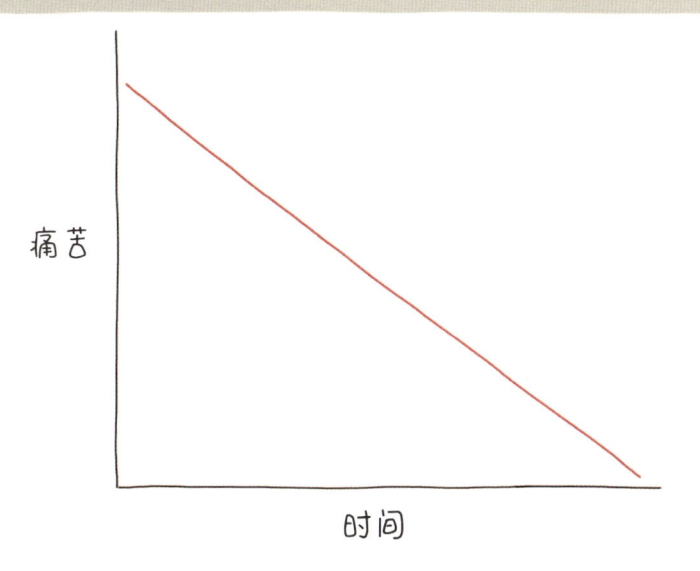

痛苦

时间

实际上的疗愈过程看起来像……

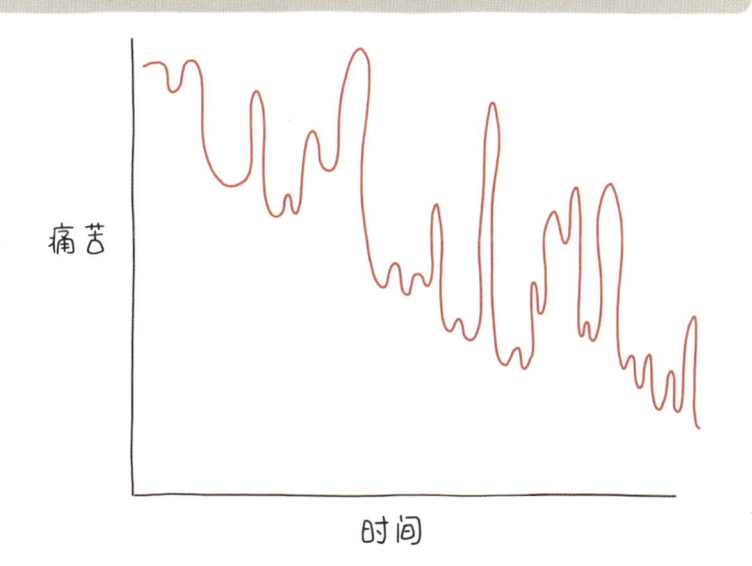

痛苦

时间

悲伤如海水一般潮起潮落……
在某些时刻平静无澜……

……在下一刻就猛扑向你。

我们在悲伤时通常会体验到的情绪

感到惊恐、害怕或焦虑；感到被困住、失控或想家。

深深的悲伤、抑郁、内疚、寂寞或难过；感觉被淹没、击碎、透支或榨干；感到伴随着深层渴望的孤独。

感到身体虚弱、疼痛、头晕或头疼；感到心脏或胸部疼痛、发沉。

感到空洞、麻木或如行尸走肉，迷茫或恍惚；一种与现实失去联结的感觉。

感到还不错，有点忘记悲伤了；感觉开心或愉悦，可以享受回忆或大笑。

感到震惊、受创伤的、提心吊胆、焦虑、担忧或烦躁不安。

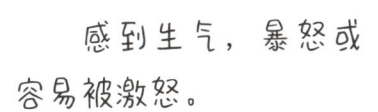

感到生气，暴怒或容易被激怒。

悲伤也可能让你感觉……

- 头疼
- 头脑不清楚
- 想要哭／哽咽
- 胸部发紧／胸部疼痛
- 心跳加速
- 没有胃口
- 恶心
- 生理疼痛
- 与现实隔离
- 疲惫／耗竭
- 头晕／眩晕
- 呼吸困难
- 心脏疼痛
- 心慌不安／胃部下坠感
- 麻木
- 身上疼
- 发抖
- 一阵阵的疼痛／紧张

有时你可能觉得自己迷失在
海洋里，形单影只。

变化可能既令人兴奋,
又让人畏惧。

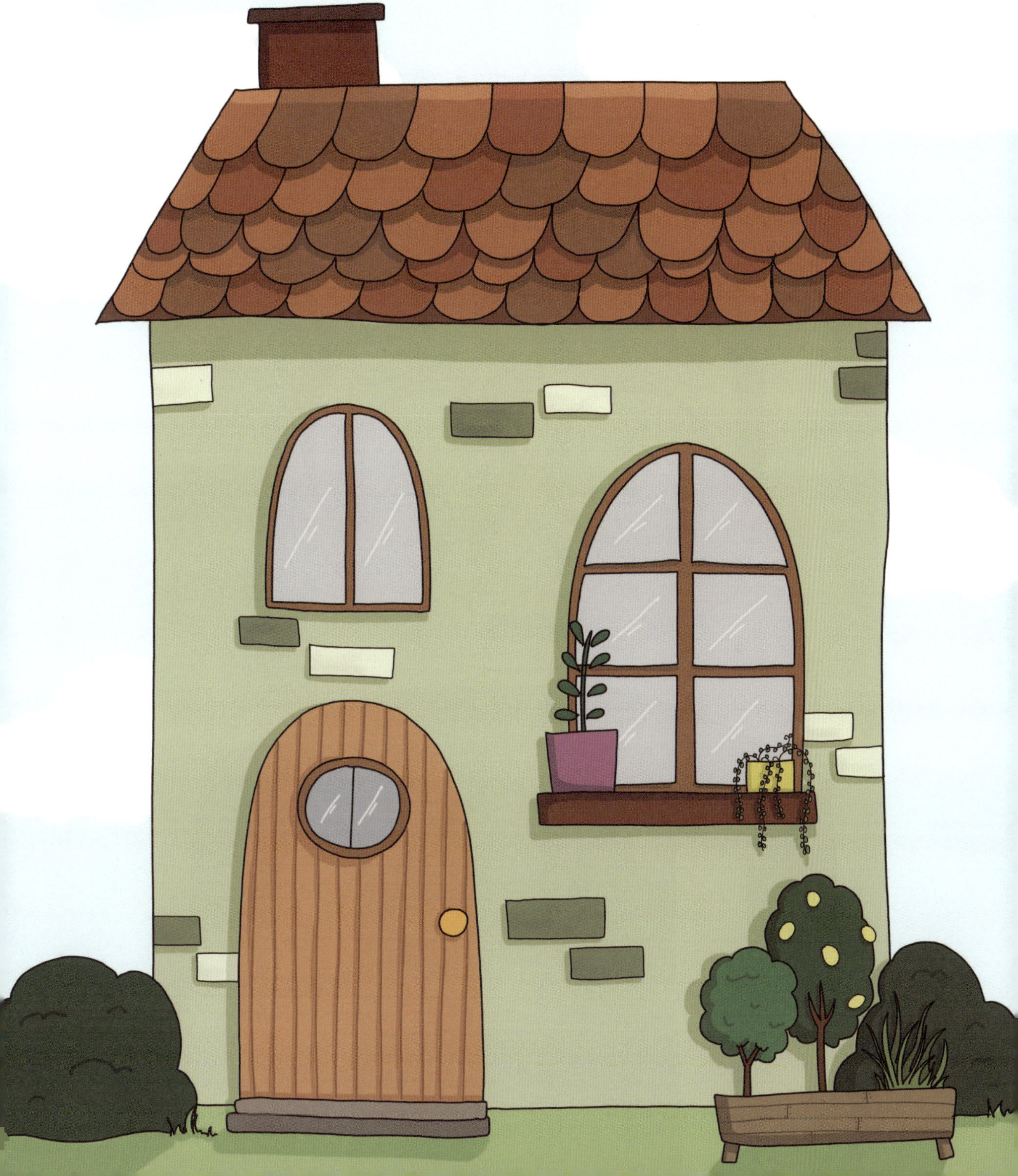

变化可能让你备感压力,
像在你的胃里打了一个结。

你可能想要把它们都封进一个瓶子里。

副交感神经系统　　　　交感神经系统

自主神经系统由副交感神经系统和交感神经系统两部分构成。

当副交感神经系统被激活，它会开启我们对休息和消化的反应。

当交感神经系统被激活，它会开启我们对威胁的反应。

平静

警觉

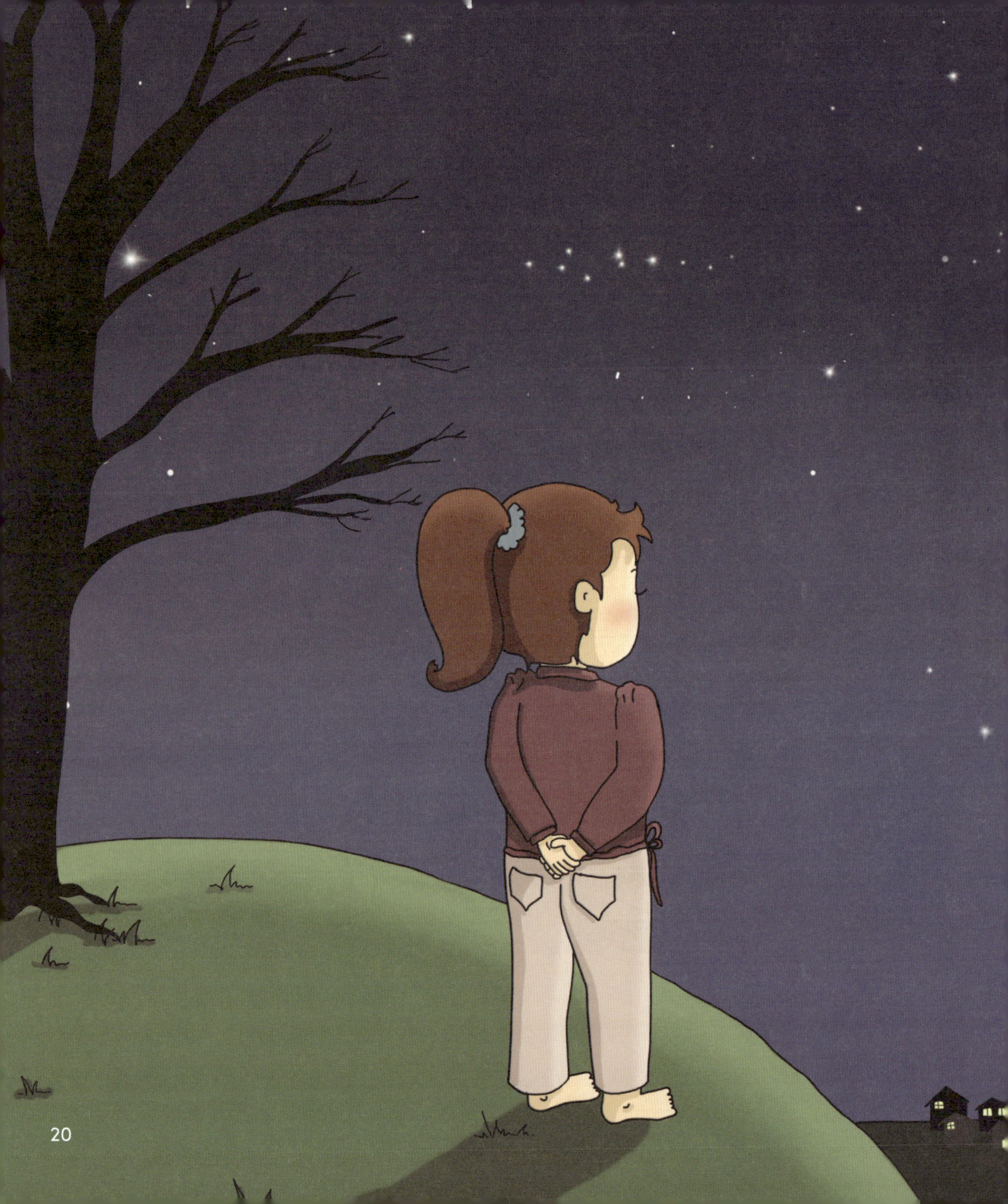

失去挚爱的感觉有时像无家可归，
充满无尽的思念。

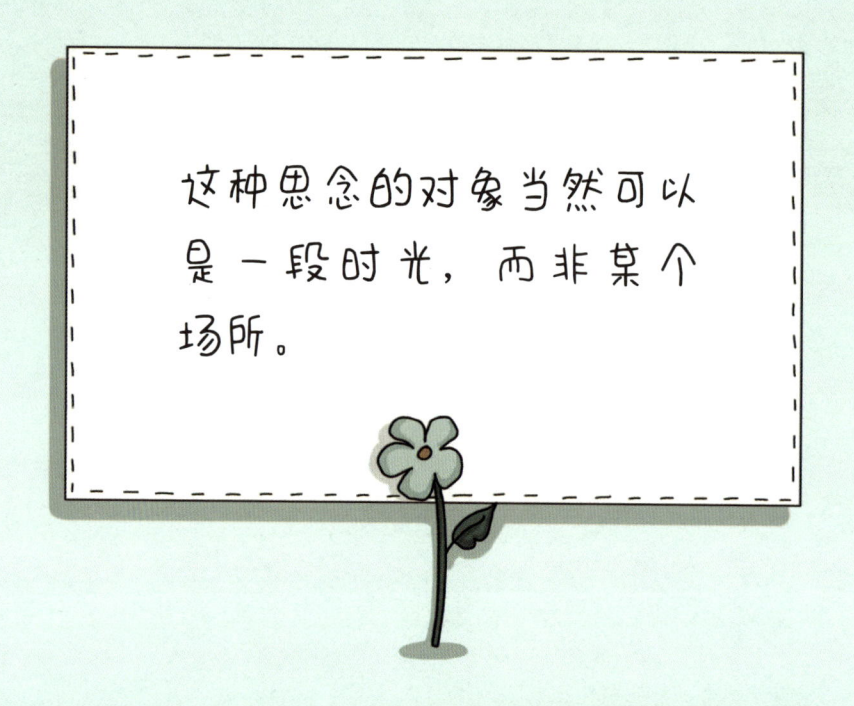

这种思念的对象当然可以是一段时光，而非某个场所。

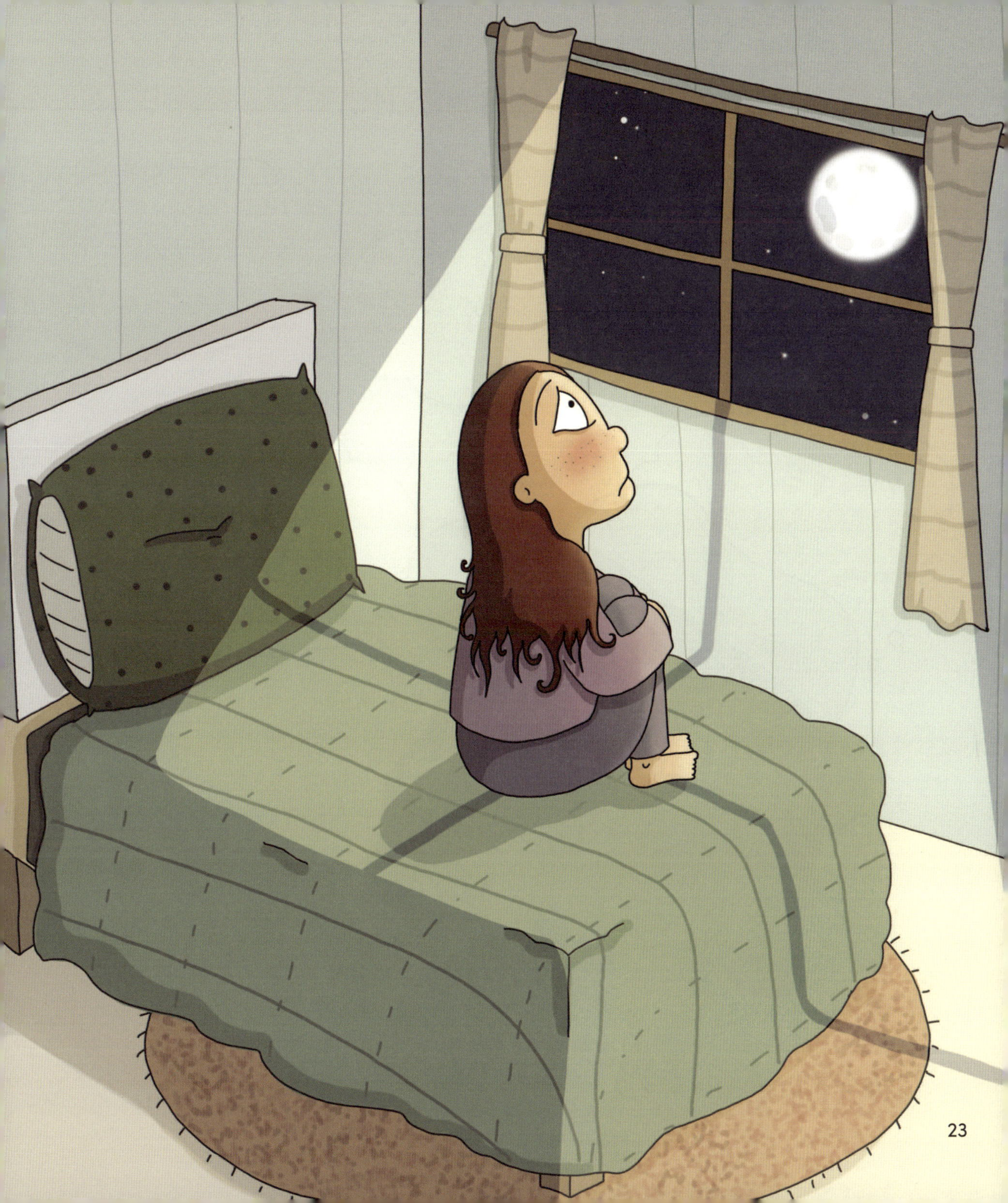

你内心可能有太多的为什么……

为什么是我……？

为什么那时……？

为什么我没做……？

为什么是他们……？

为什么我不能改变它……？

但这些问题似乎没有任何答案。

我不知道!

当你经历失去和变故时,
会很容易被激怒,这很正常。

失去的感觉有时像是一切都暂停了,
而你却不知道该如何继续向前。

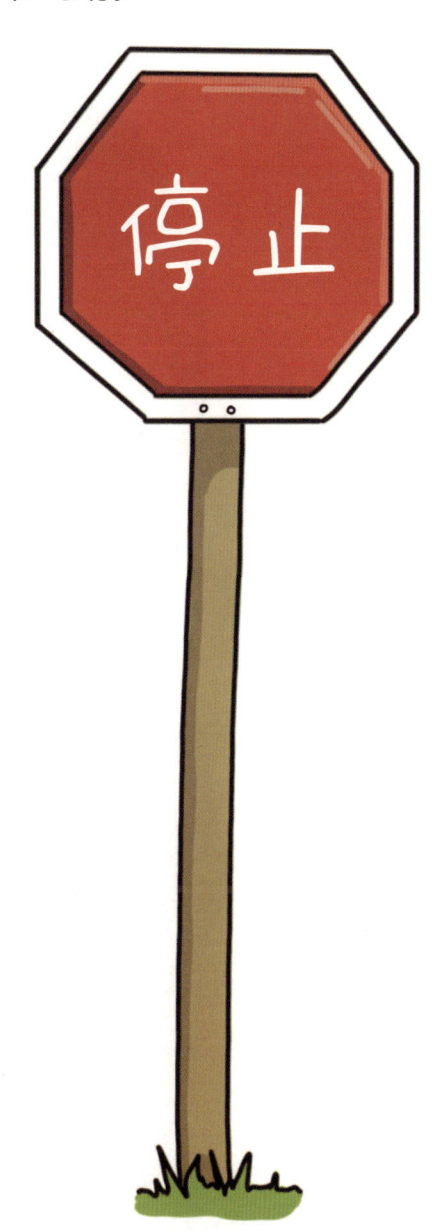

失去的感受，常常难以名状。

当你失去所爱之人时,你感受到的哀伤和丧失感,与他们曾经带给你的爱与快乐一样多。

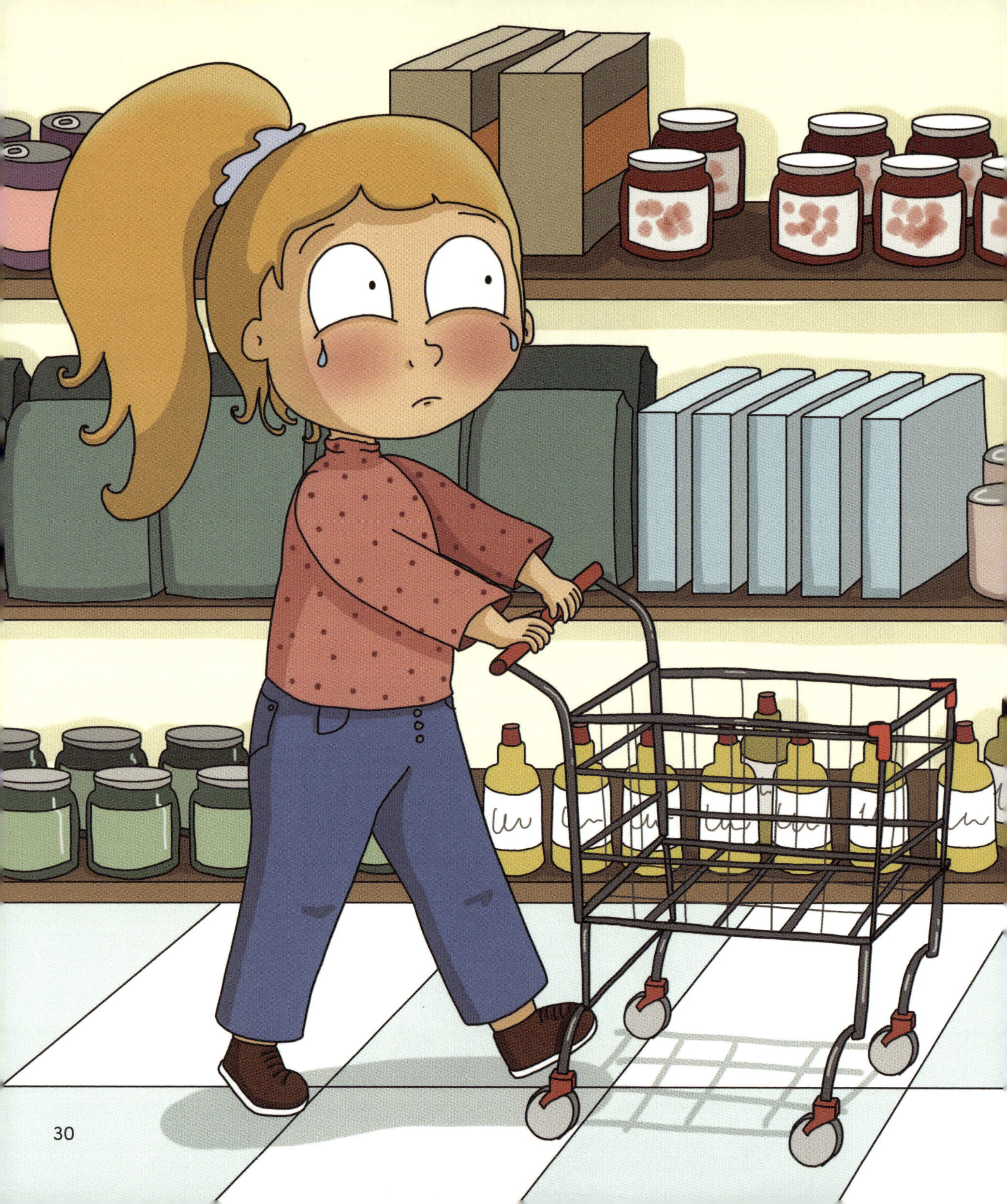

事件、重大节点或不期而遇的触发物都可能导致悲伤再次来袭——通常会在你猝不及防的时候。

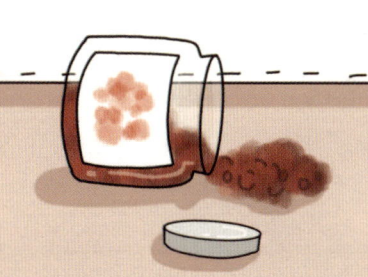

在悲伤时，我们通常会……

整天待在床上

沉溺其中，不能自拔

仿佛什么都没有发生一样继续向前

反复思考同一件事

睡眠困难

害怕自己一个人待着

不再做喜欢的事情

回避人群

假装自己还好

- 分散自己的注意力
- 仍旧和离开的人"说话"
- 参观留有回忆的地方
- 看老照片
- 没胃口
- 自己一个人时就不知道该做什么了
- 向他人发泄情绪
- 有时、经常、不定时地哭或根本不哭
- 坐着,盯着墙看
- 闻所爱之人的遗物
- 对他人发火

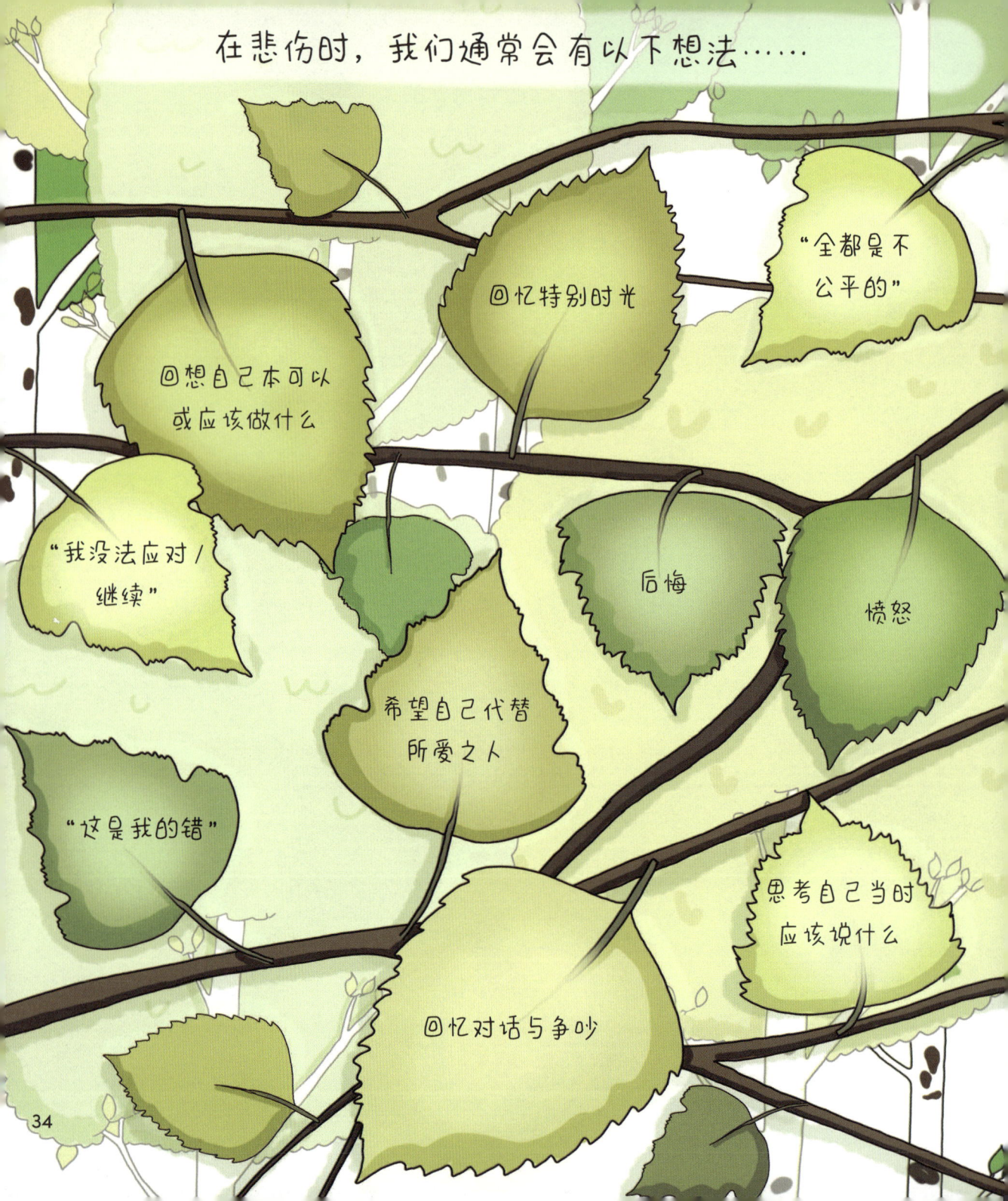

在悲伤时，我们通常会有以下想法……

回忆特别时光

"全都是不公平的"

回想自己本可以或应该做什么

"我没法应对／继续"

后悔

愤怒

希望自己代替所爱之人

"这是我的错"

思考自己当时应该说什么

回忆对话与争吵

- 完全不去想任何事情
- 考虑与悲伤经历毫不相关的事
- 痛苦过于强烈和可怕，让人无法承受
- "如果……那么会怎样"
- 远离现实，把自己封闭起来
- "为什么是我"
- 因为失去、无力回到过去和改变现实而感到愤怒
- 认为自己永远也好不了或无法恢复了
- 解脱的想法
- "这不是真的，我是在做梦，这不可能"
- 幻想

悲伤之时你可能发现的事情……

- 在悲伤时,不要拒绝自己的情绪。试着丢掉"对悲伤关闭大门"的想法。

- 随着时间流逝,你会将悲伤以新的方式纳入你的世界;既非"战胜悲伤"也非"对悲伤释然"。这不是说巨大的痛苦永不消失,而是你会在失去之后重新调整你的爱和关系。

- 悲伤的发展阶段并不清晰。它混乱无序,艰难且令人困惑。

- 悲伤令人不适,有时可能让你和周围的人产生摩擦。

- 人们可能会意外地说出一些伤害你的蠢话。

- 悲伤可以是一个转变和疗愈的过程。

- 悲伤可能使你怀疑自己的信仰。

- 你可能觉得自己已经疯了。
- 感到内疚很正常。
- 愤怒是悲伤的一部分。
- 悲伤可能促使你重新评价自己的人生、价值观和目标。你可能会变得和之前不一样，或者重新调整生命中的重要之物的排序，这些全都没问题。
- 你可能需要在心里重演创伤的经历或变故，以便进一步理解它。你的大脑正在试图全面地处理整件事。
- 悲伤可能让你对他人和他人带来的"麻烦"都心生怨恨。这种状态会持续一段时间，没有问题。
- 时间并不会抚平所有伤痛。你需要学会与一些伤痛共存。
- 保持明确的边界感没有问题，你不需要为之寻找"正当理由"。当别人毫无帮助时，你完全可以直接告诉他们。
- 你可以用任何对自己有效的方法表达情绪，而不是按照别人的想法行事。
- 指责和后悔都是正常的体验。对自己宽容一点，对自己怀有慈悲之心。

你可能会注意到胸腔处的疼痛或沉重感。

很多人的悲伤都伴随着内疚……

内疚的重担

如何应对内疚感，见第67页以及第108~109页

失去所爱可能让你感到震惊。

如何应对震惊感，见第97页

有时你会觉得周围的人故意回避你，他们对你的悲伤似乎漠然视之。事实上，他们可能也感觉难过、不知所措、伤心，受到触动，或不知该如何宽慰你。他们还是关心你的。

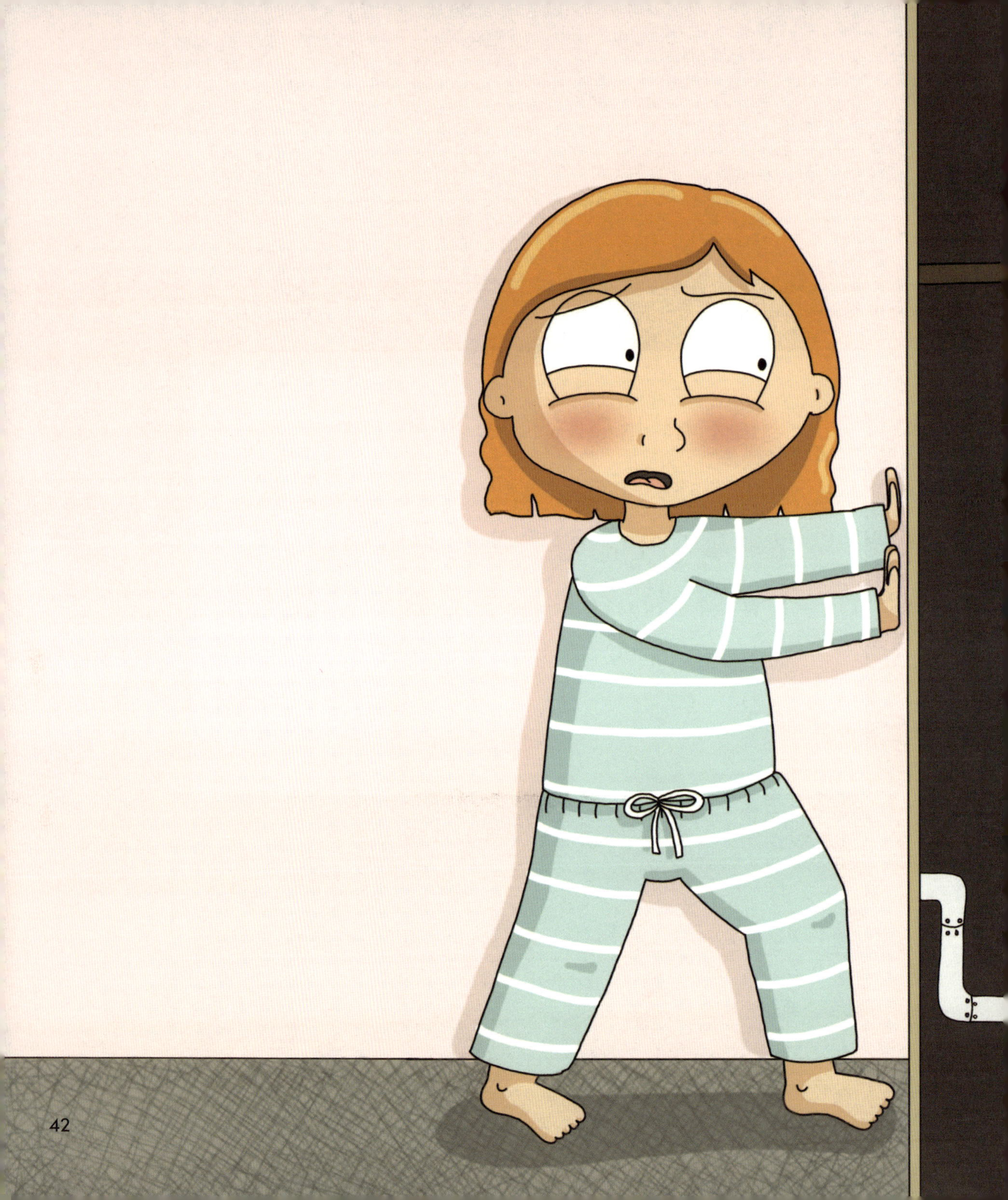

悲伤有时令人惊慌失措，
让你想要把它关在外面。

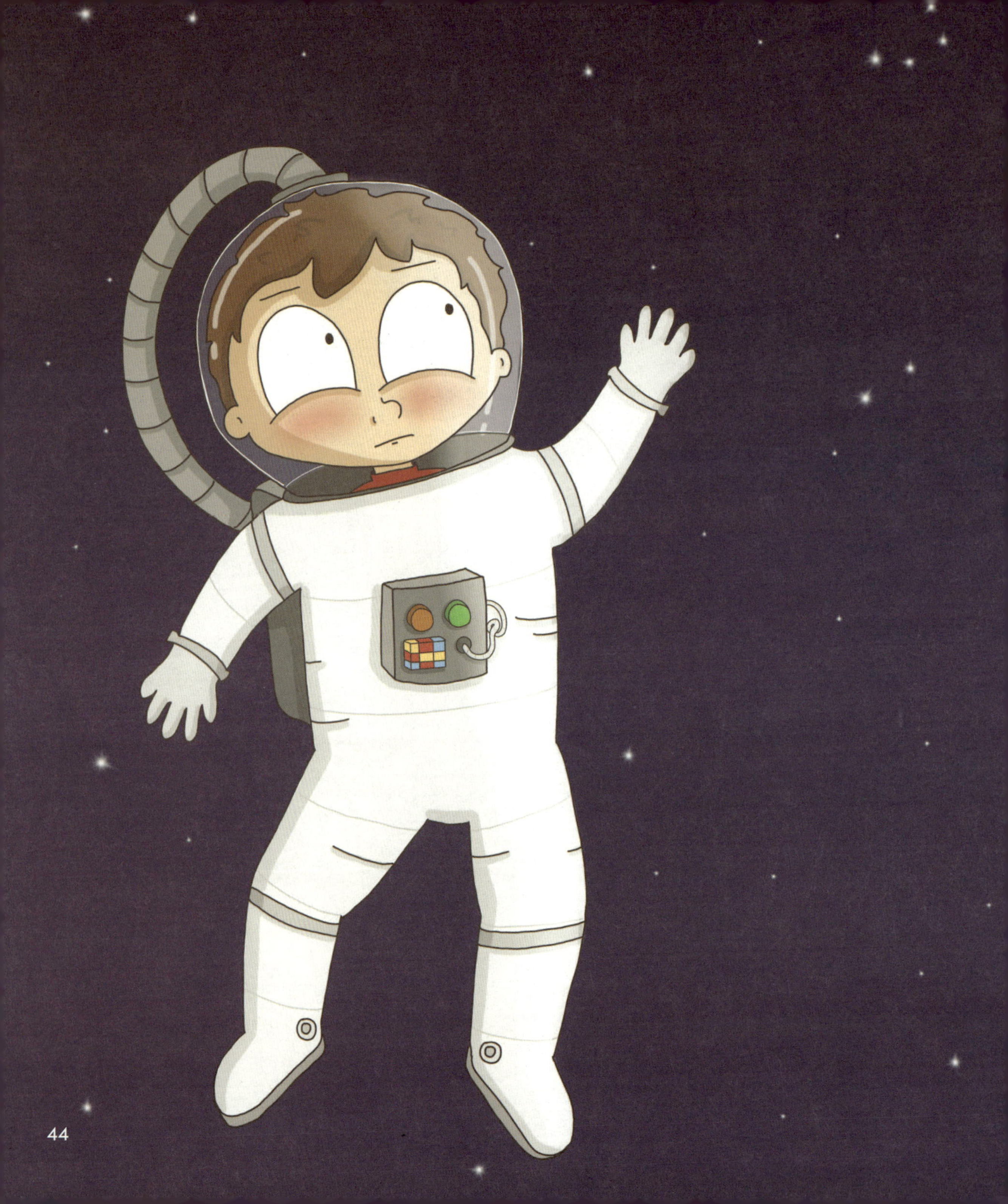

你可能感觉头脑发晕，迷惑不清或
有些精神恍惚。

有时，失去所爱的感觉像是不知从哪儿钻出来一列货运火车，突然撞向你。

在经历失去时，你感觉到麻木、疲惫、
虚弱或者困惑，非常正常。

愤怒正当，愤怒无罪，
允许愤怒如其所是。

经历着悲伤的你，也可能体验到惊恐发作或弥漫的焦虑。

第二章
度过

希望上一章可以给你带来一艘可提供援助的救生筏。悲伤的感觉像是迷失在一汪海洋中，随波逐流，无所依附。

在这一章中，我们将讨论和分享安慰的话语，以及可以指引你前行的重要提示，还有一些可以给你提供支持的工具和策略。

走出悲伤没有捷径。有时你可能迫切地想要摆脱这样的感受，然而我们无法仅仅通过简单地"关闭"情绪来实现这一点。尽管我们确实没法即刻"治愈"悲伤，但在这趟旅程中，仍有一些良药可以帮助你、减轻你的痛苦。希望你能在下面的内容中找到一些安慰。

比起试着"对失去释然""战胜悲伤"或"继续向前"……

或许我们应该聚焦于学习和悲伤共存，陪伴它——学着把悲伤放在心里，继续生活。

这里既没有经历悲伤的"正确方式"，
也不存在走出悲伤的导航地图。

目标是处理,
而不是压抑
你的情绪。

处理情绪

情绪可能被阻滞、
被压抑，
或者被处理掉。

处理情绪的关键

承认

承认情绪：
"哦，你好，悲伤。"
"我正注视着自己的难过。"

联结

与诱发原因联结：
"考虑到我所经历或失去的，
有这样的感受非常合理。"

允许

允许情绪出现和离开：
"你在这里没问题。"

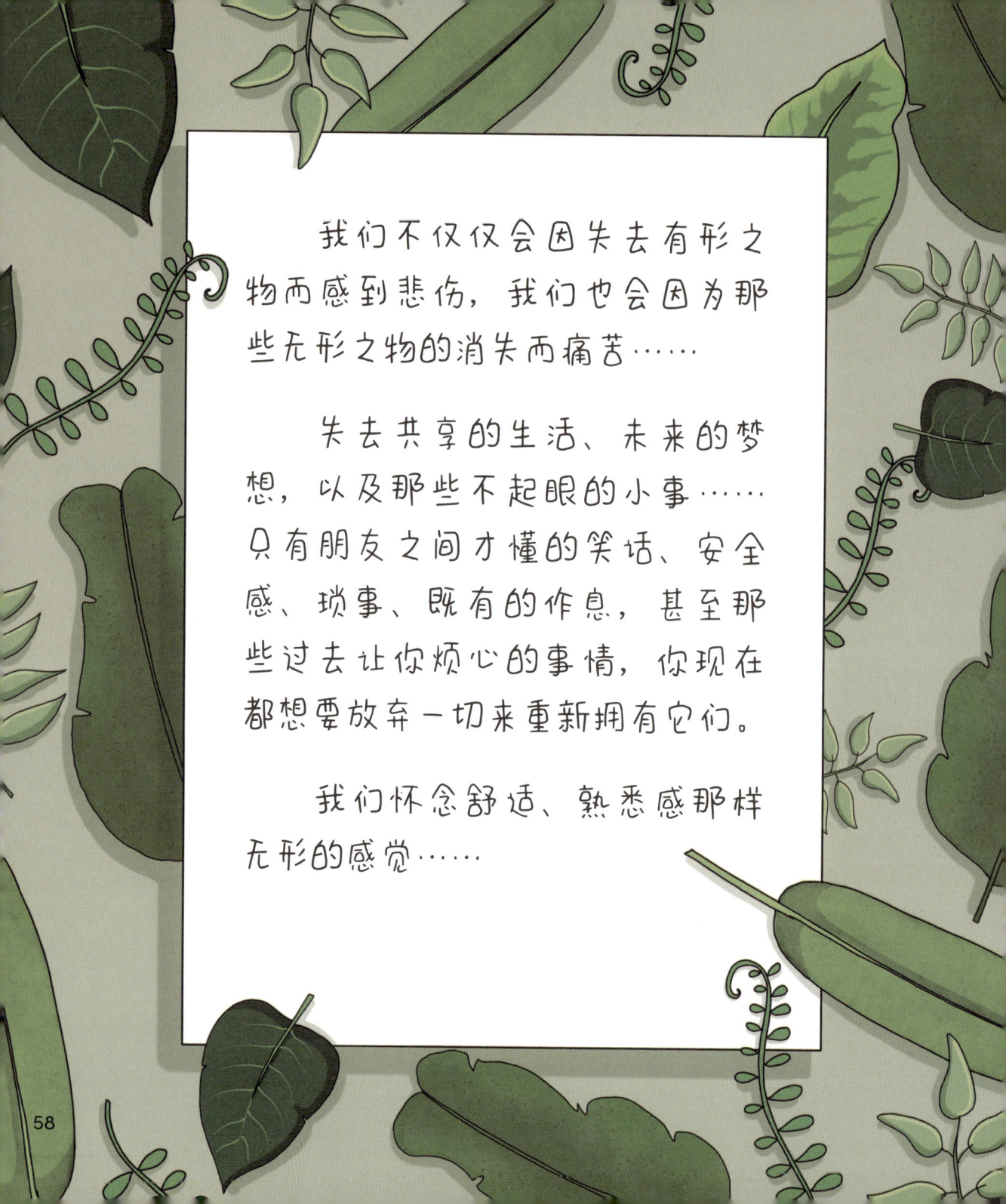

我们不仅仅会因失去有形之物而感到悲伤，我们也会因为那些无形之物的消失而痛苦……

　　失去共享的生活、未来的梦想，以及那些不起眼的小事……只有朋友之间才懂的笑话、安全感、琐事、既有的作息，甚至那些过去让你烦心的事情，你现在都想要放弃一切来重新拥有它们。

　　我们怀念舒适、熟悉感那样无形的感觉……

当你需要时，如何寻求帮助

* 记住，你不是别人的负担。人们愿意伸出援手，这会让他们感觉自己有价值。

* 给家人和朋友们发微信、打电话或写邮件。你可以说："我现在很难受，你可以帮帮我吗？"

* 做好准备，有些人可能自己也在困境中，无法提供帮助。这并不意味着他们不关心你或你的需求不合理。再找找其他人。

* 试试支持性团体、心理咨询、心理治疗或援助热线。

* 即使你不知道自己需要的是什么，寻求别人的帮助也完全没有问题。你可以说："我觉得自己现在特别不好。我不知道我想要什么，但我不想一个人面对。"

* 你可能不想谈论它，这也没问题！你可以说："我们可以做点什么来帮我把注意力从烦心事上转移开吗？"

* 即使你亲近的朋友不多，你仍旧可以寻找一些信任的人："我知道我们平时聊得不多，但我现在真的感觉不太好。如果你有空，我们可以聊会儿天吗？"

* 记住，变得脆弱没有任何不对。寻求帮助并非懦弱。

* 记住他人并不会读心术。有时你不得不明确说出你的需要。

* 你值得被爱、被支持、获得帮助和关心。

生活围绕悲伤而生长

在最开始，令人痛苦的失去是消耗性的，占据了你生活中的大部分……

随着时间流逝，生活开始围绕悲伤而生长……

失去这件事并没有缩小，但不再主导你的生活了……

很快，生活再次充盈起来。通常，悲伤仍然存在，你带着它一起前行；你的世界围绕着悲伤，成长得更加多姿多彩。

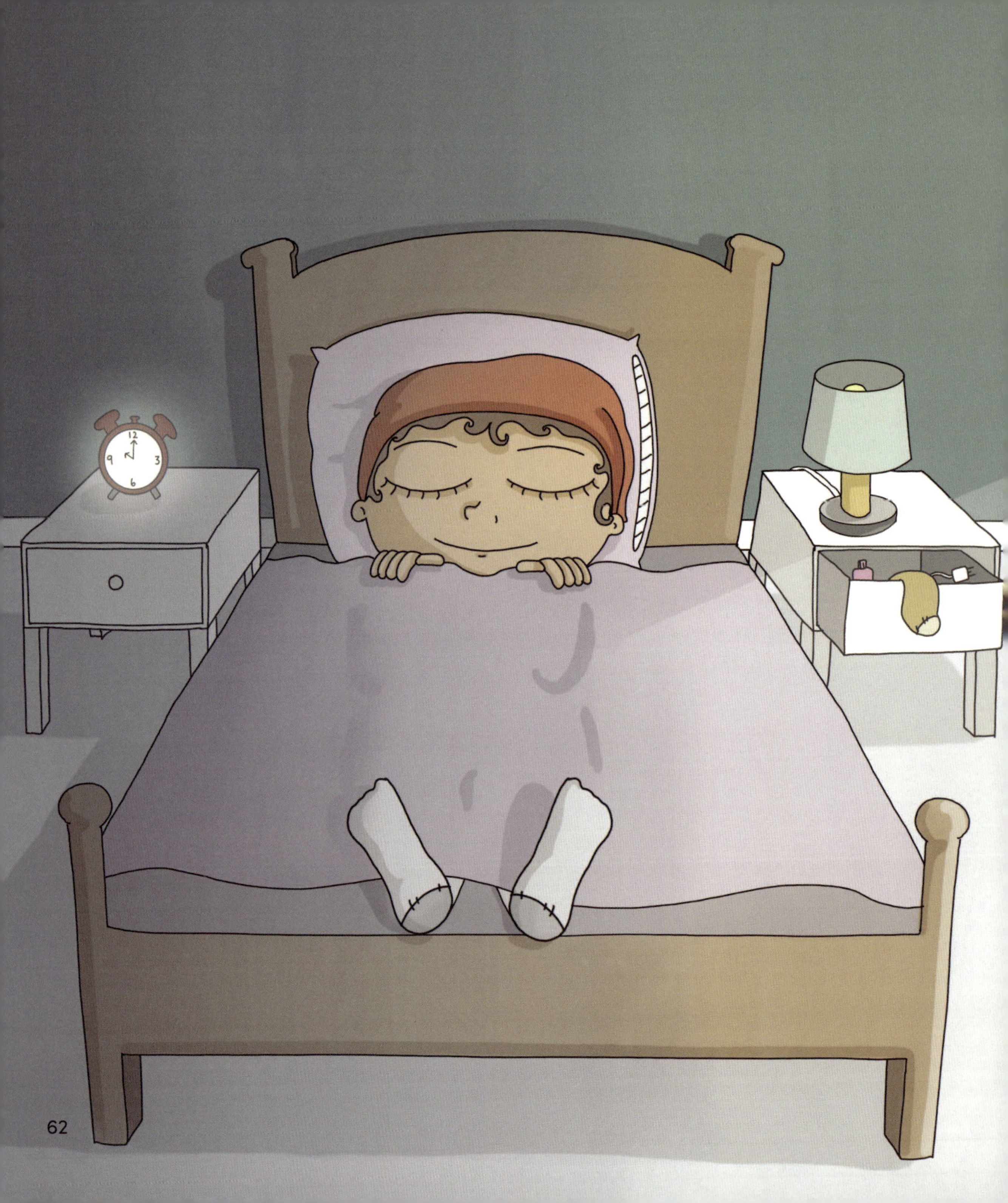
12
9
3
6

当你身处困境，状态不佳时，你可能发现自己很难入睡。这里有一些小贴士，可让你拥有一个酣甜的夜晚。

🌙 上床前试着设置一个30分钟的放松时段，比如来一杯甘菊茶、泡澡或者写感恩日记。

🌙 每天在差不多固定的时间上床睡觉和起床。

🌙 只有在睡觉时才上床，比如不要在床上工作或看电影（这能帮你的大脑建立"床=睡觉"的条件反射）。

🌙 在每天早上而非晚上锻炼身体。

🌙 在上床前的一个半小时内不要看电子屏幕。

🌙 从傍晚开始就不要摄入咖啡因。

🌙 试着每晚上床前使用一些薰衣草香氛精油。

经历失去就像有了一处伤口

开始时又肿又疼，消耗着你的全部注意力……

之后疼痛缓和了一些，但仍旧对你的生活有一定的影响……

随着时间流逝，伤口开始自然愈合。

疗愈也可能变得复杂

有时如果我们不去关注伤口，它就不会愈合。

如果发生上面的情况，我们可以寻求额外的帮助和支持。

有时候伤口会留下一道伤疤，我们需要学习带着它一起生活。

制作一个回忆箱

把那些会让你回想起特定的人、地点、宠物或事情并让你感到悲伤的事物放进去。当你需要停下来追忆时，你可以坐下来细细翻阅回忆箱。

回忆箱

处理内疚感

在经历悲伤的过程中，有时我们也会感到内疚。如果你也如此，试试把自己当作你爱的人来对待……你会说什么来肯定和安抚他们？你怎样做才能对自己温柔一点、多心疼自己一些？

用瑜伽体式来支持自己度过悲伤

这些体式可以帮助我们把注意力转向内部，进行内省，平静下来并保护心脏。

你可能喜欢在心脏部位盖上一条薄毯，来让自己感到安全。

挺尸式

婴儿式

举腿贴墙式

下面这些体式可以帮助我们把心打开，让情绪浮现并进一步被处理。

← 狮身人面式

← 骆驼式

← 桥式

请 允许 你自己

全身心地去 感受 它

你是否感觉嗓子里堵着东西

这种感觉在悲伤时是正常的。

这可能和你压抑了自己的眼泪和情绪有关。

问问自己是否有以下情况：

- ☐ 我是否需要痛快地哭一场？

- ☐ 我的身体是不是想要大吼或哀号？

- ☐ 我压抑了什么吗？

- ☐ 我是不是需要埋到枕头里大声发泄一下？

- ☐ 我是否需要和别人聊聊？

祷词

找到一个舒服的位置，深呼吸并重复这些祷词……

- 我会度过这段艰难时光的。
- 我聚焦于自己可控的事物之上。
- 我允许自己的感受"如其所是"。
- 我活在当下，日子要一天一天认真度过。
- 我从生活的细微之处寻找安慰。
- 我倾听自己的情绪。

支撑你走出来的事物

朋友　睡眠　治疗

家庭　健康饮食　聊天　应对方法和工具

正念接纳

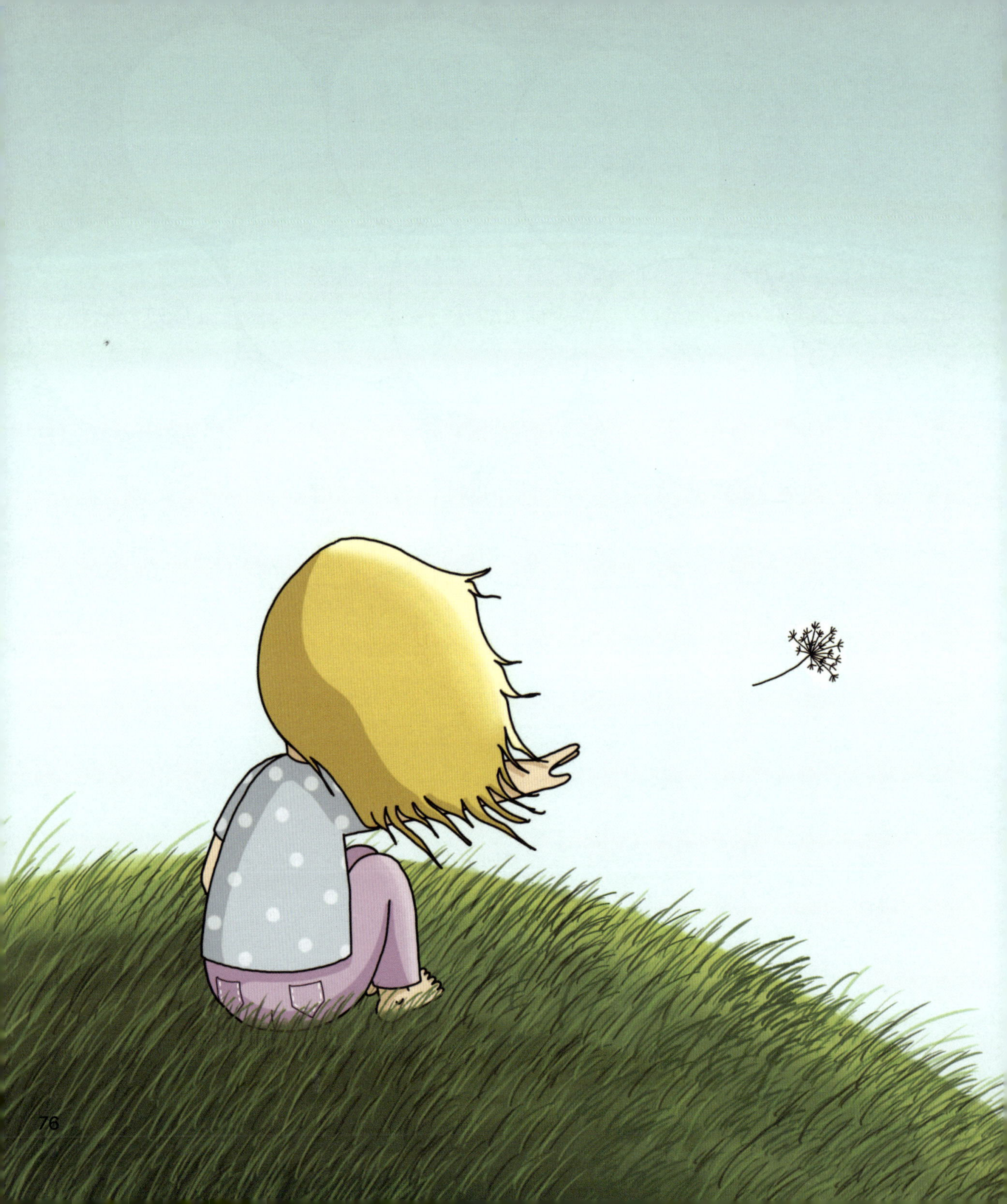

感到无法释怀也很
正常。

在你经历悲伤的时候大笑或感到开心也没有问题……

大笑也可以带来一种解脱，因为它可以释放积极的荷尔蒙。

你可以允许自己娱乐——这并非背叛。

你同样可以：

- 讲述关于你所哀悼的人／事／时光的有趣故事；
- 回忆好玩的时刻；
- 用搞笑电影／书籍／电视节目来分散注意力。

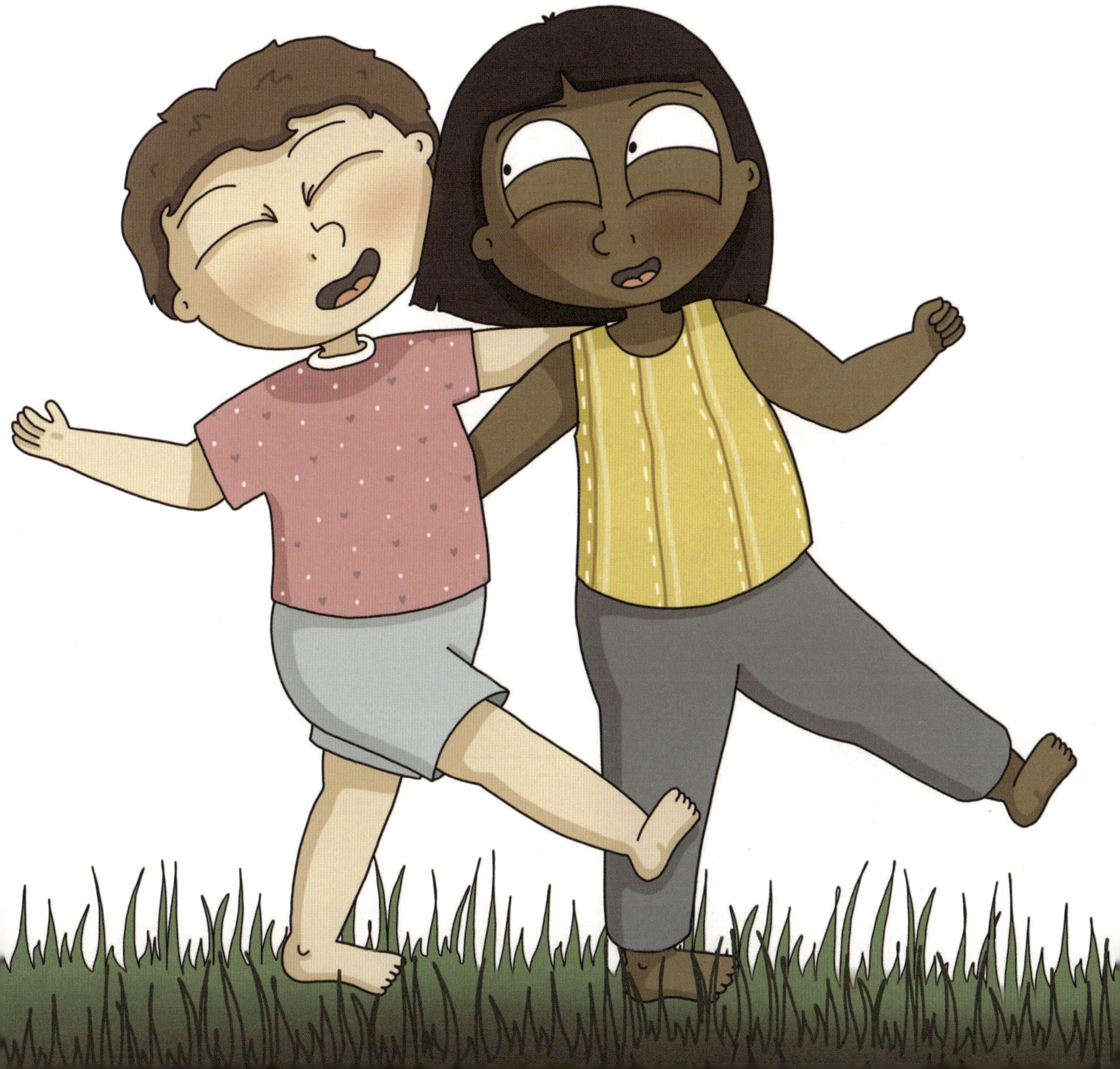

试着控制自己的悲伤,就如同试着把一股龙卷风关到罐子里。

81

其实，你可以像对待客人一样招待悲伤……

当它突然跳到你面前时，承认它。

欢迎它并允许它待在这里。

倾听它的需要。

和它一起坐一坐。

你知道它不会一直待在这儿。

当它要离开的时候，送送它。

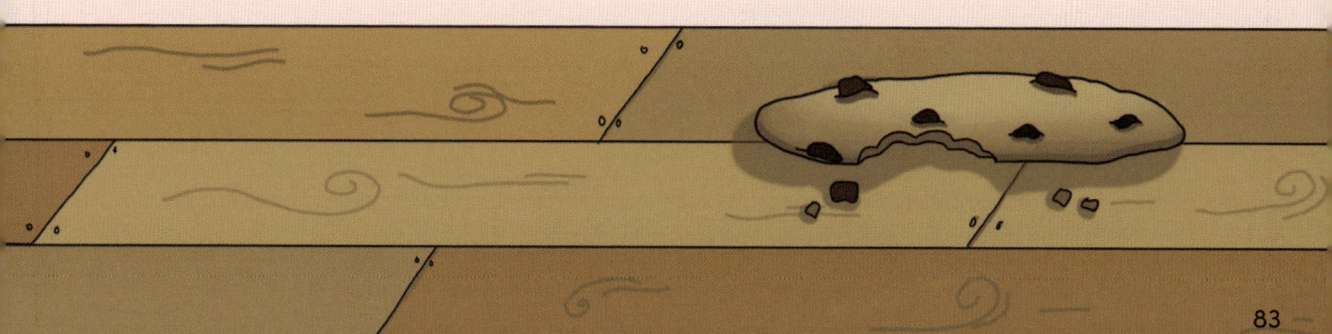

不要拿你失去的和别人比较。

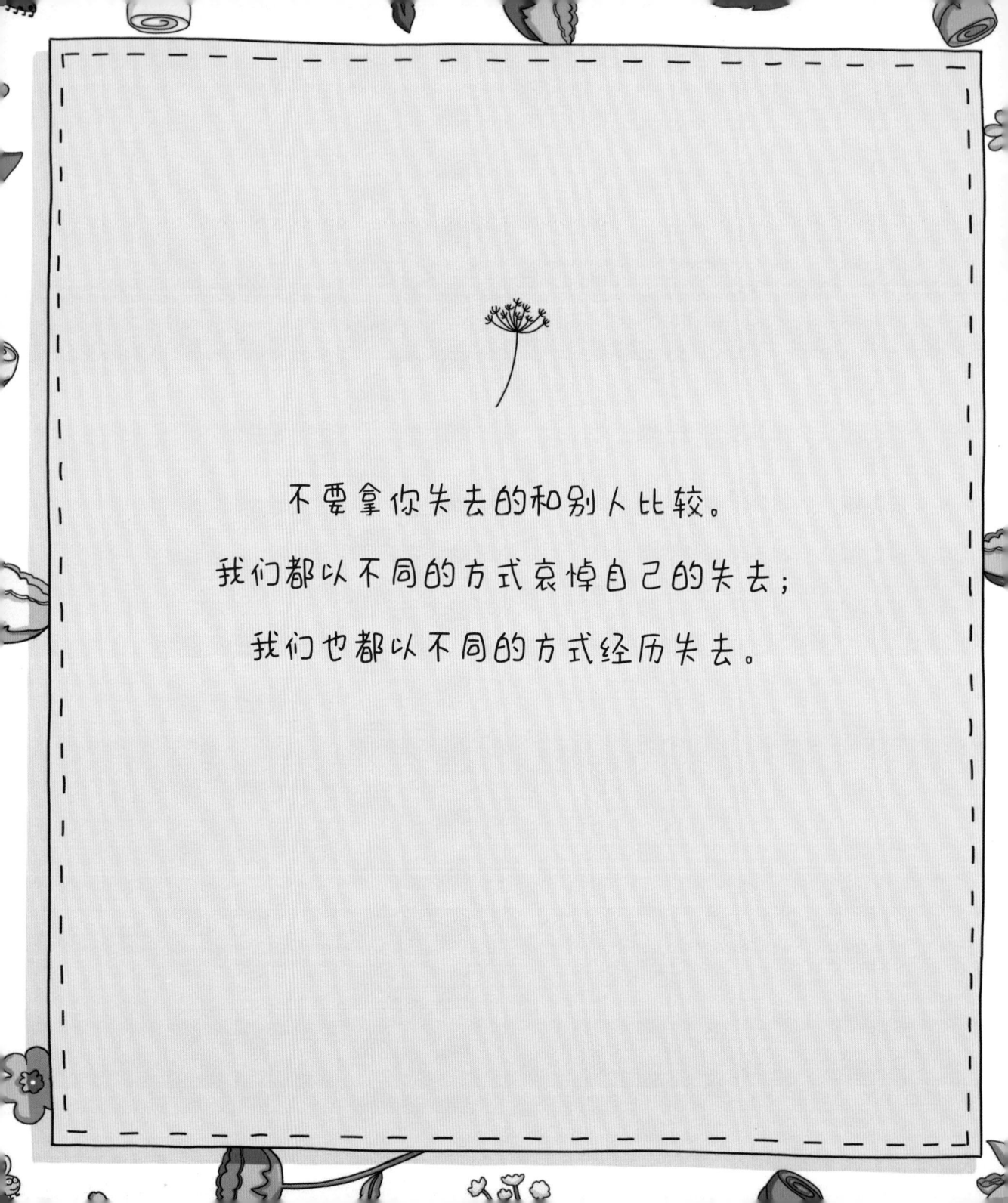

我们都以不同的方式哀悼自己的失去；

我们也都以不同的方式经历失去。

有时候，最好的良药就是痛快地大哭一场。

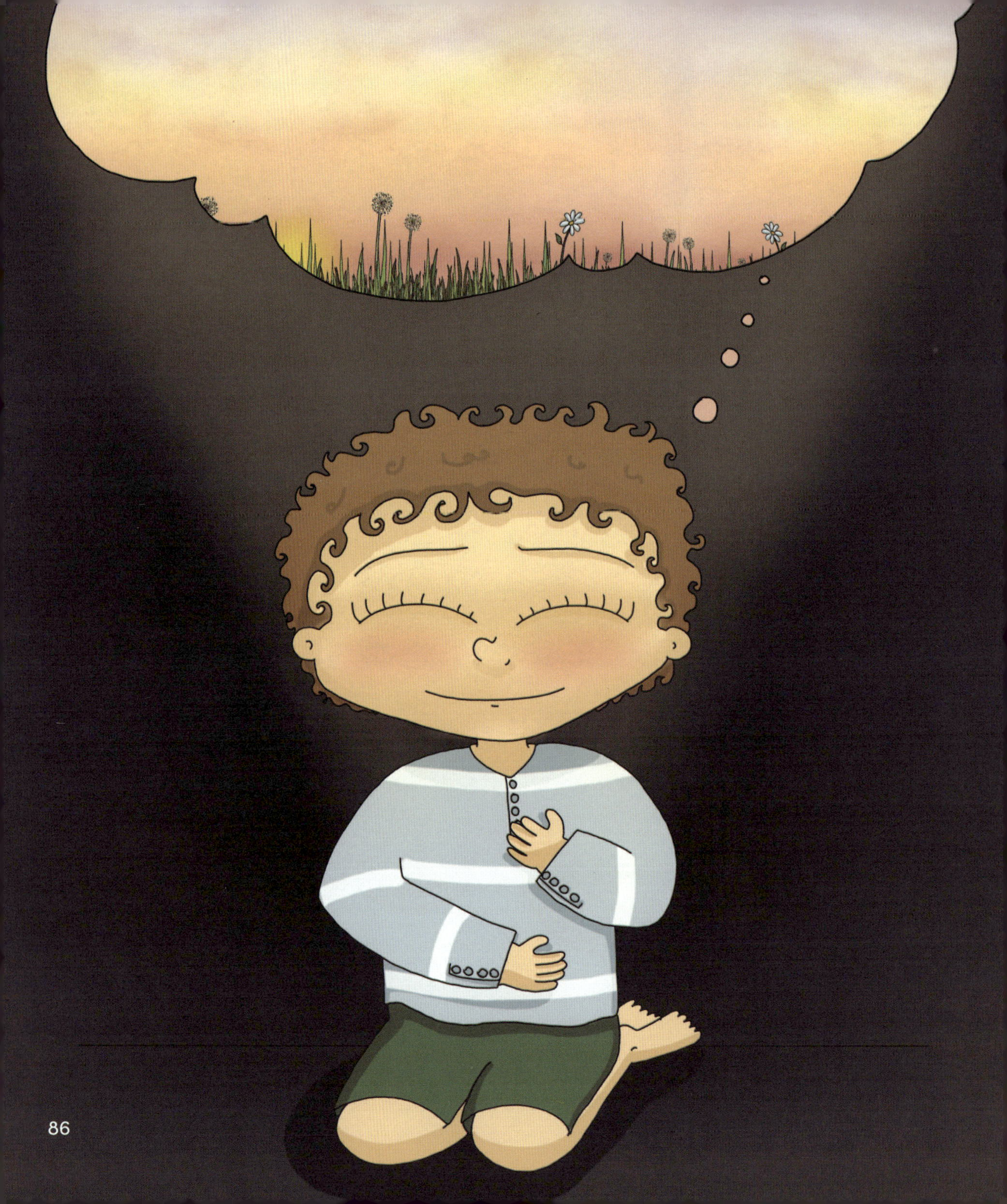

想象一个能让你疗伤的安全基地

是时候在你的内心创造一个让你感到安全的 空间 了，在任何你需要逃离的时刻，都可以回到这里……

第一步： 闭上双眼，想象一个让你感到安全、踏实、被保护和满足的地方。它可能是你之前去过的地方，也可能是你在想象中创造的地方。你可以描绘出温暖的沙滩、茂密的森林、芳香的草坪，或者图书馆壁炉旁的一个安静座椅——全凭你的喜好。

第二步： 尽可能详细地想象那里的味道、声音、感受和其他的小细节。

第三步： 深呼吸并在想象中探索这片空间，让你的探索越来越深入。

第四步： 在任何需要的时候你都可以闭上双眼，回到这里。

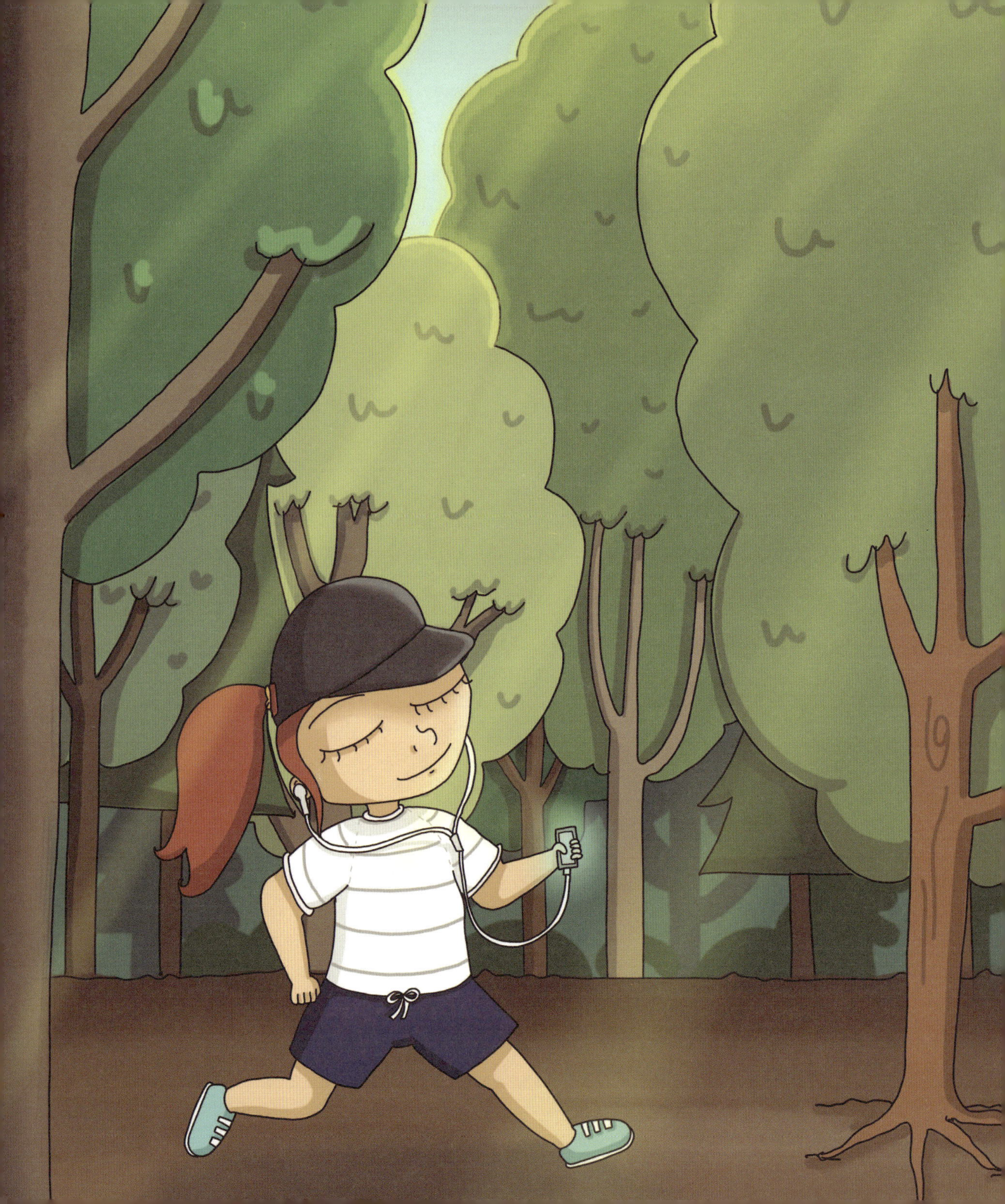

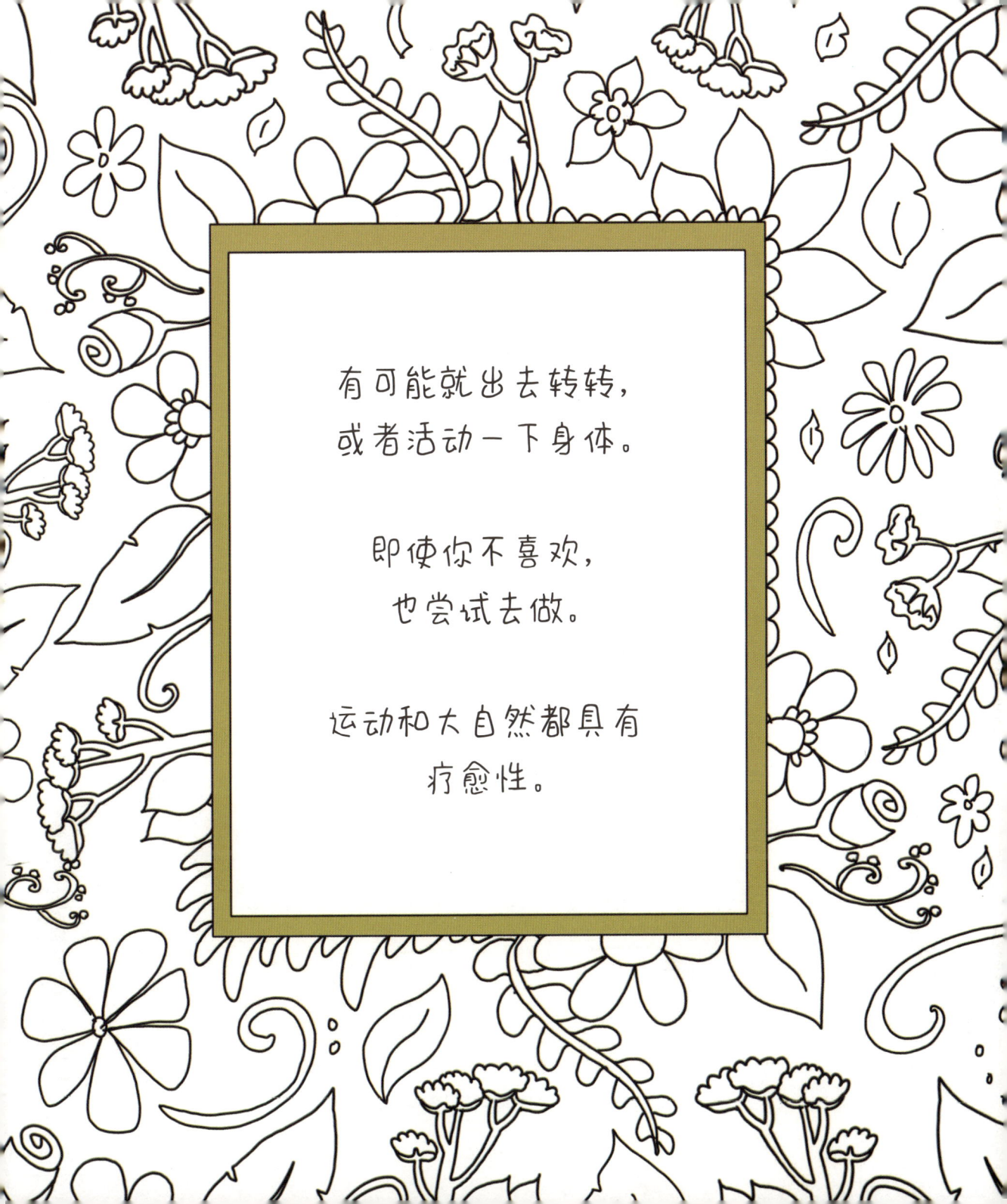

有可能就出去转转，
或者活动一下身体。

即使你不喜欢，
也尝试去做。

运动和大自然都具有
疗愈性。

写一封信

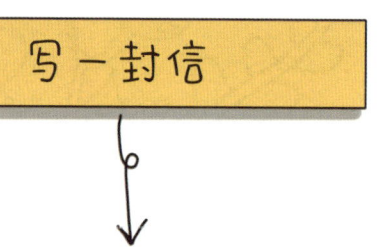

给你的悲伤
给一个人
给你的过往

允许感受待在这里。

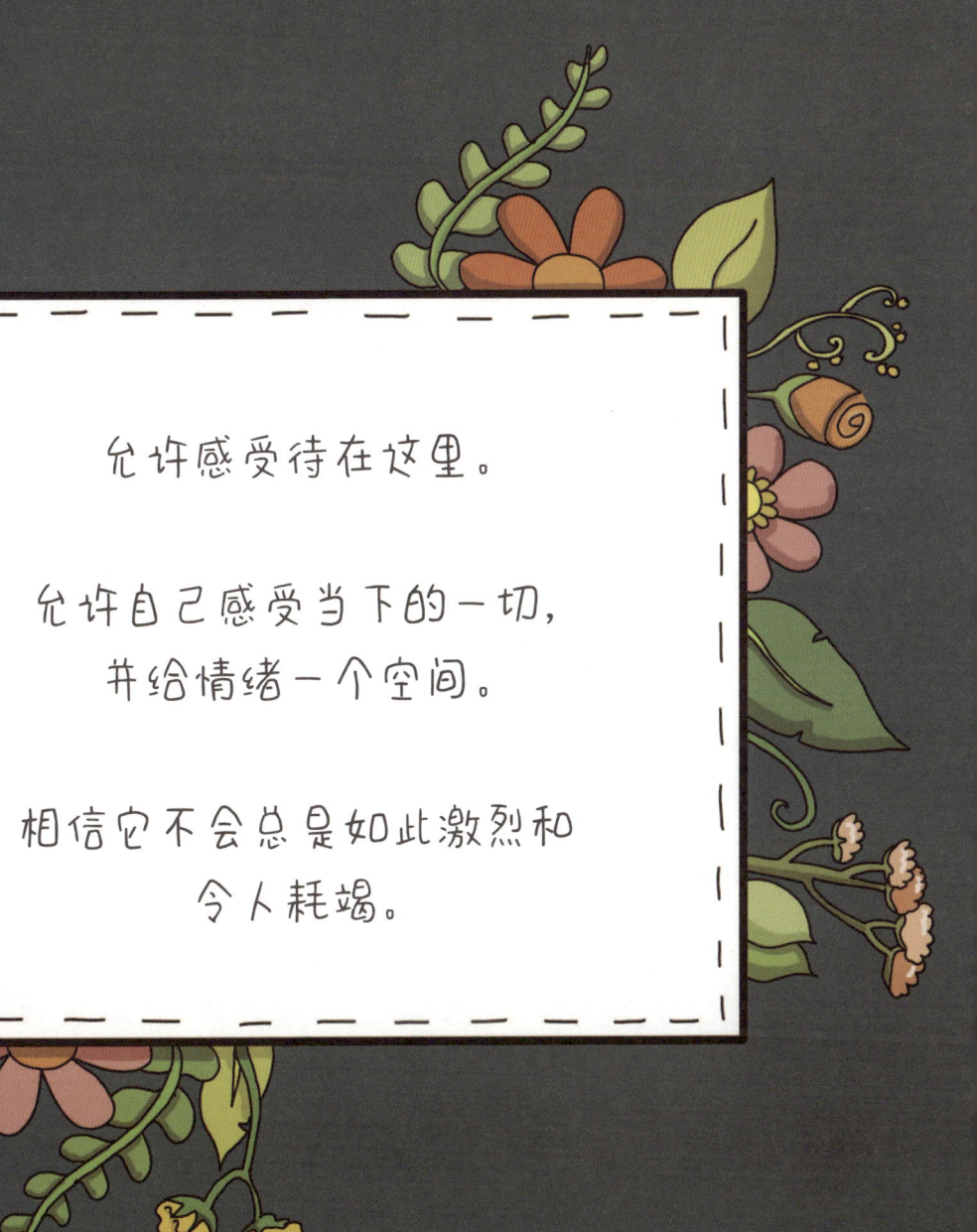

允许自己感受当下的一切，
并给情绪一个空间。

相信它不会总是如此激烈和
令人耗竭。

点燃一根蜡烛,坐在燃烧的蜡烛旁边。创造一个空间,给你的回忆与情绪应有的尊重。

交谈。

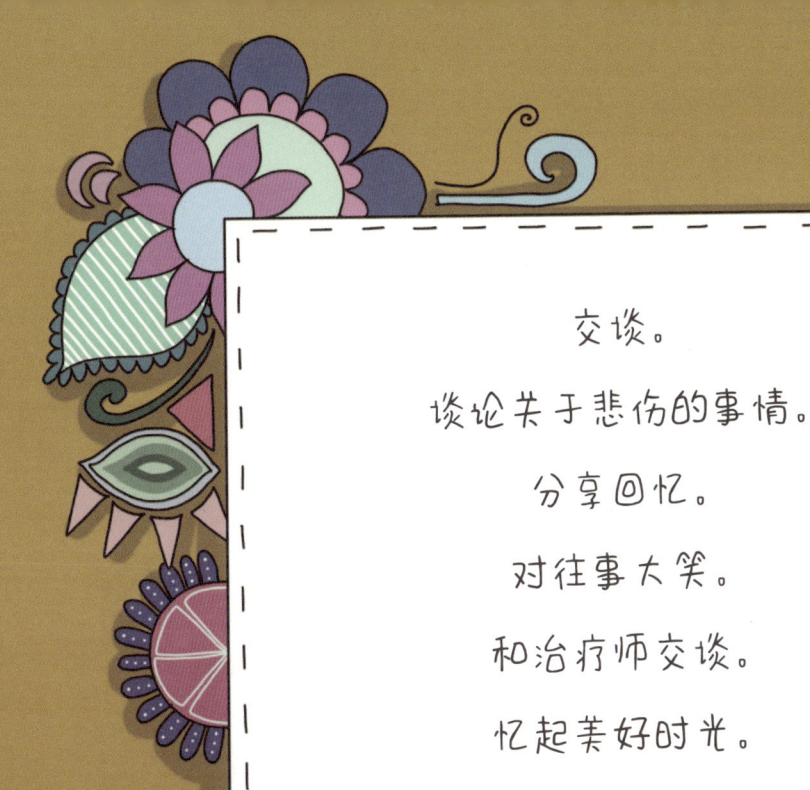

谈论关于悲伤的事情。

分享回忆。

对往事大笑。

和治疗师交谈。

忆起美好时光。

讨论痛苦。

尽情地表达和倾诉。

命名你的情绪。

与已经失去的他人、空间、时间和事物对话。

继续倾诉。

你所有的感受都是
合理且正当的。

过去

现在

未来

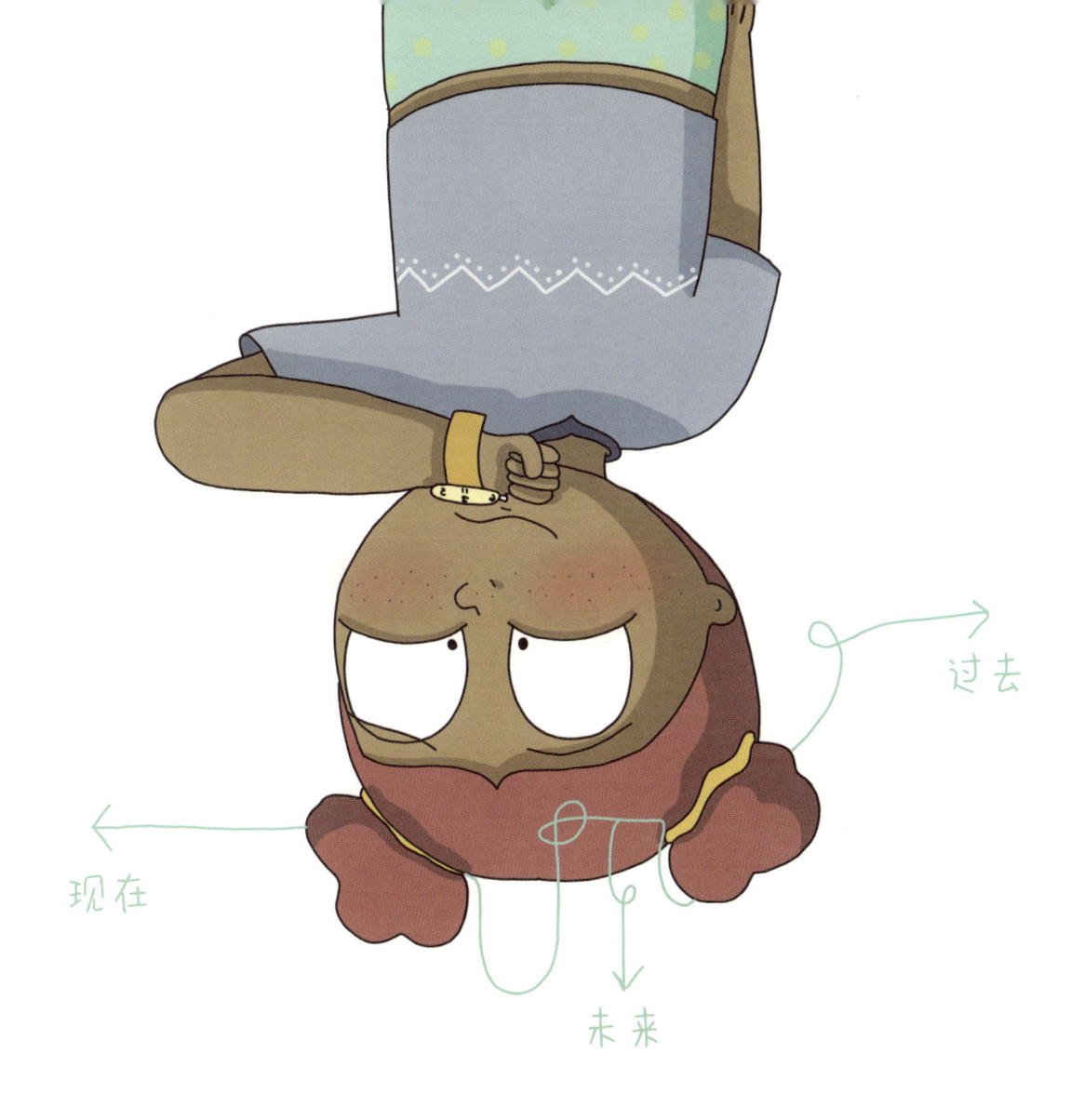

在你感到悲伤时，时间可能变得颠三倒四，
光怪陆离，难以捉摸。

只专注于过好当下的时刻、一小时、一天
或者每次只做好一件事，可能是有帮助的。

时间线

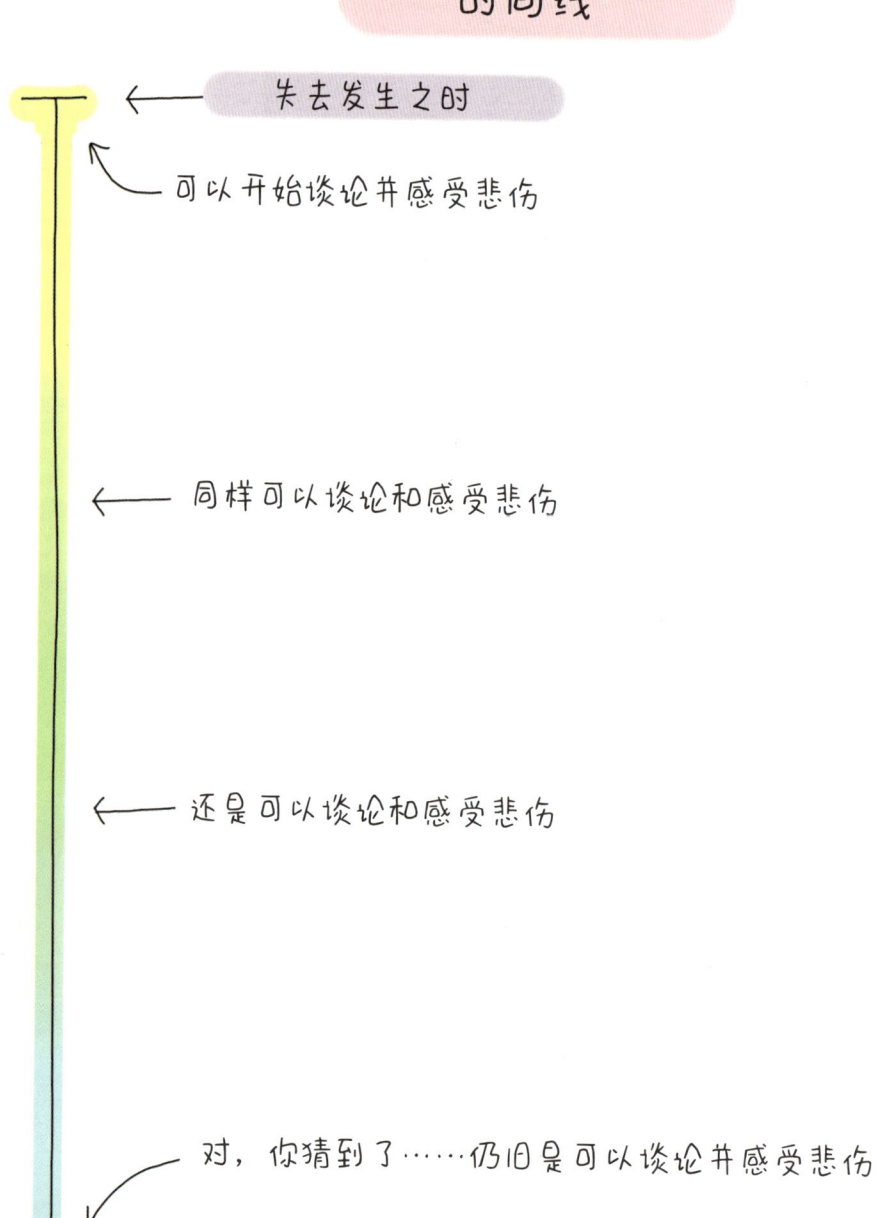

← 失去发生之时

↳ 可以开始谈论并感受悲伤

← 同样可以谈论和感受悲伤

← 还是可以谈论和感受悲伤

↳ 对，你猜到了……仍旧是可以谈论并感受悲伤

← 通向未来之路

着陆练习

这是一个很好的、帮助你回到当下的工具,当你感到被想法和情绪淹没时颇有帮助。简单地做几个深呼吸并觉察……

4 你听到了什么?

5 你看到了什么?

3 你感觉到了什么?

2 你闻到了什么?

1 你尝到了什么?

逐一检查,觉察你当下的感觉如何……

针对悲伤的"音乐治疗"

你可以使用音乐来：
- 陪伴自己的情绪和追忆；
- "轻触"并释放你的情绪；
- 改变情绪或帮你把注意力从情绪中转移。

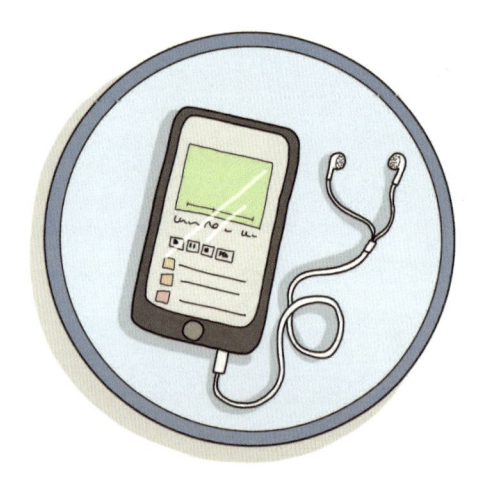

悲伤或缓慢的音乐可以帮我们倾听自己悲伤的感受，放纵自己痛快地大哭一场。

快乐或积极的音乐可以帮我们放松休息，把注意力从悲伤中转移或者慢慢地改变心情。

有时你需要接纳悲伤……

有时你需要把注意力从悲伤中转移开。

将悲伤的感受外化到具体的事物上……

你需要什么？

我能帮你做什么？

问问它需要你做点什么。想想当这些感受出现时，怎样才能更好地尊重和照料自己。

在艰难时刻，提醒自己
人生是一趟旅程……

……有低谷，也有回升。

正念饮茶练习

带着宁静和舒适的感觉做一次正念休息。给自己沏上一杯茶，找个温暖舒适的地方坐下，随后……

观察茶水的 颜色 以及从杯中 袅袅升腾的水汽 ……看看你的周围，观察房间中的 细节 ，之后将 注意力 重新带回你的茶杯。

闭上眼睛，听一听周围环境中的 声音 。

仍旧闭着双眼，在茶杯上方做一次深长、缓慢的 吸气 ——吸入茶叶的 芳香 。

关注 你的 感受 ……可能来自你靠着沙发的背部、平踏于地面的双足或者掌心握着的茶杯的 温度 。

最后，呷一口清茶， 细品 其中的 味道 。

"墨西哥卷饼"

↓

安抚情绪

很多人发现压迫感能让人非常平静。这种"深压感"又被称为本体感输入；它与身体感知到的压力有关，可以帮助我们调控神经系统，舒缓压力。

具体方法：用一条毛茸茸或重一点的毯子，把自己紧紧包裹起来。

这种被紧紧包裹和联结的感觉，可以在一分钟甚至几秒钟内让你平静下来。

悲伤与内疚

伴随着悲伤，你可能感受到一种内疚的感觉……

对于你做过的或没做的事感到内疚，对于你说过的或没说的话感到内疚，这都是正常的。

这是非常痛苦的感受，因为你没法改变任何事情。

所以，你可以做什么呢？

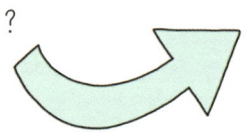

- 记录你的感受。

- 给自己多点关心和温柔。

- 提醒自己这不是你的错。

- 提醒自己没人可以预知未来或改变自己无法控制的事情。

- 将痛苦的经验转换为智慧。

- 练习感恩。

- 用慈悲心和逻辑思维来挑战无益的想法。

可以为悲伤中的你提供帮助的东西

- 拥抱
- 时间
- 水流
- 分心物
- 睡眠
- 瑜伽
- 朋友和家庭
- 喝杯茶聊聊
- 走一走

	运动	自然
日记	慈悲心	祈祷
营养	宠物	冥想
心理治疗	大笑	

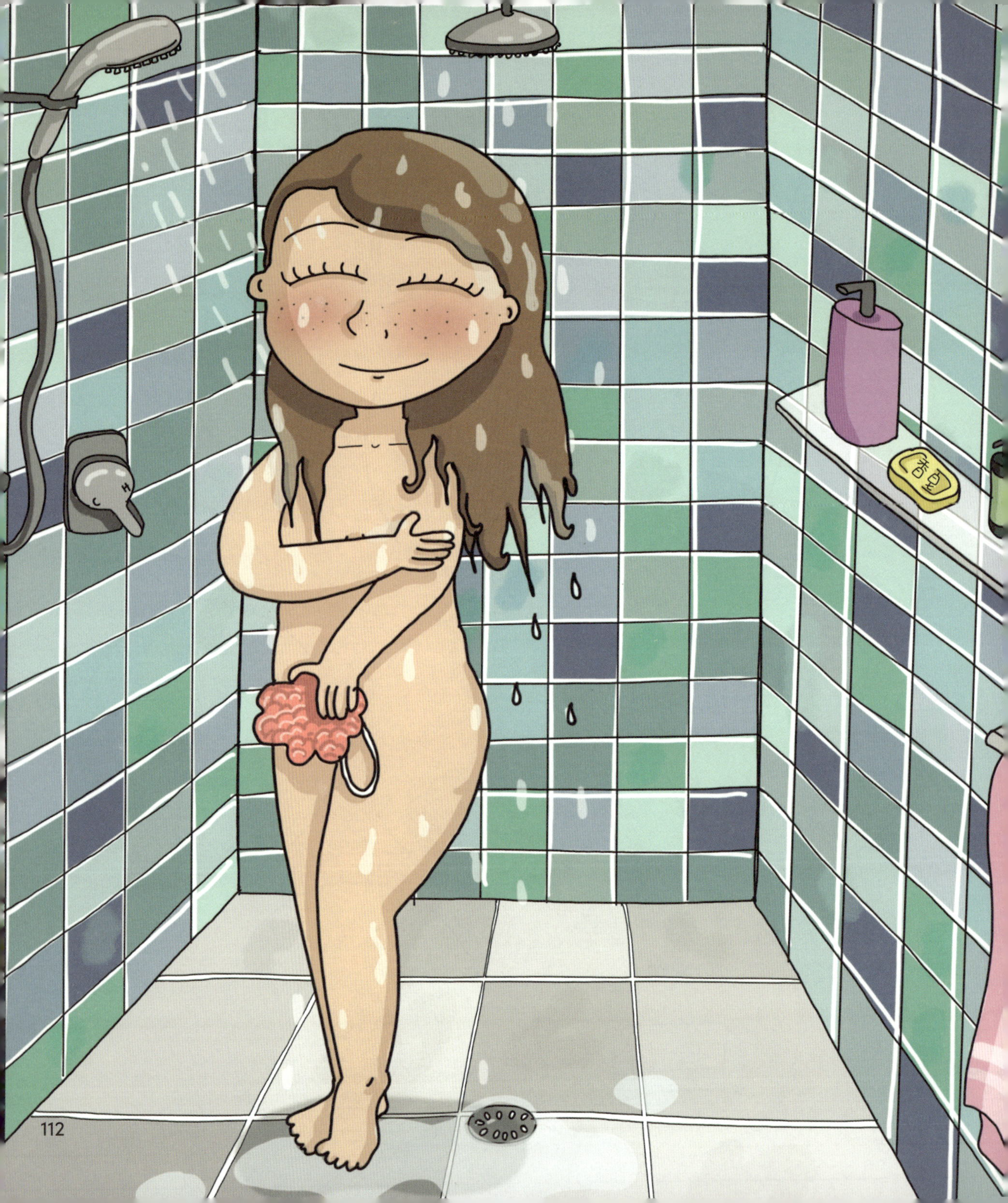

慈悲心沐浴练习

这是一个可爱又温柔的练习，可以让你的一天充满善意和感恩。

当你沐浴时，在脑子里回想和列举以下内容：

- 对身体每个部位表达的感恩；

- 生活中让你感恩的三件事；

- 对于一些等待解决或困住你的事情，如果你想要释怀或从中解脱，你可以对自己表达慈悲的三句话。

热巧克力呼吸法

放松身心的呼吸技术

想象你正端着一杯热巧克力——缓慢吸气，就像你在吸入浓香，随后撅起嘴来呼气，仿佛你在将热饮吹凉。

正方形呼吸法

吸气数四下，屏住呼吸数四下，呼气数四下，再屏住呼吸数四下，如此重复。

腹式呼吸法

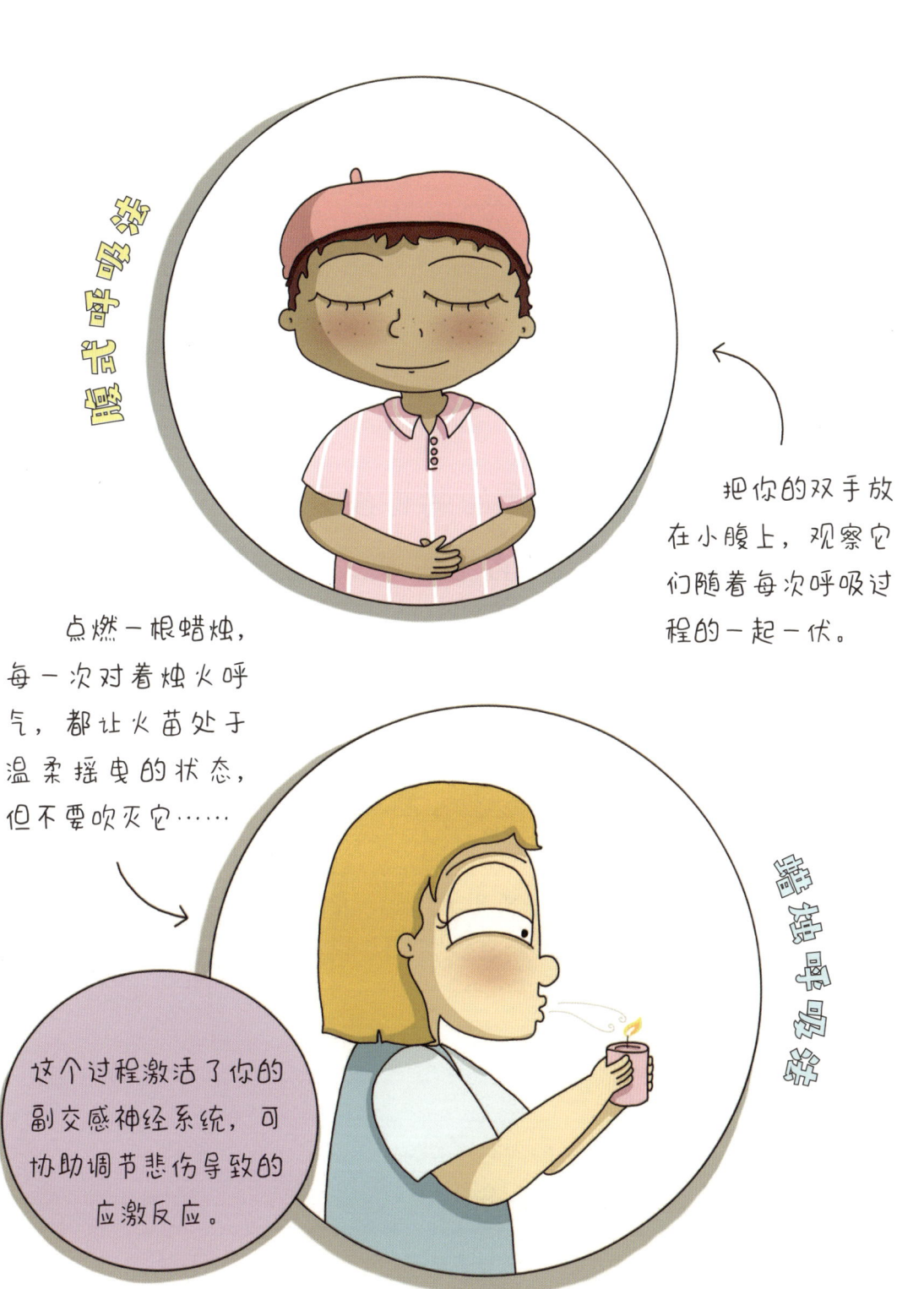

把你的双手放在小腹上，观察它们随着每次呼吸过程的一起一伏。

点燃一根蜡烛，每一次对着烛火呼气，都让火苗处于温柔摇曳的状态，但不要吹灭它……

蜡烛呼吸法

这个过程激活了你的副交感神经系统，可协助调节悲伤导致的应激反应。

尽量不要回避你的悲伤。
否则压抑的情绪会以无法预期的
方式冒出来。

给悲伤日记的提示句

- 我可以通过……的方式来尊重我的悲伤。

- 我很感激……

- 如果我的悲伤可以说话，它会告诉我……

- 我可以通过……的方式给予自己更多的自我关怀。

- 一段令人感到安慰的回忆是……

- 当我感到被情绪淹没时，我可以……

- 是什么情绪在挑战着我？它如何影响着我的悲伤之旅？

- 在走出悲伤的道路上我是不是遇到了障碍？

给艰难时光的肯定话语

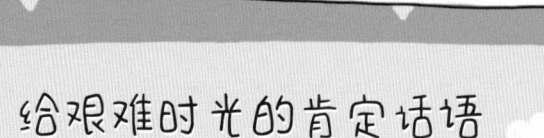

我已经尽我所能做到最好了。

我对过往的自己给予爱和慈悲。

过去的我,值得被爱;
现在的我,同样值得。

有痛苦和挣扎很正常。

我可以给过去的自己送去疗愈和接纳的想法。

我给予自己恩宠、慈悲和善意。

当他人处于悲伤时，我们可以对他们说的话

* "听说了你的遭遇，我感到很难过。"
* 分享一段记忆。
* "我现在不知道说什么好，但只要你有需要，我随时都会在。"
* "我会在你身边，做好倾听的准备，我们可以尽情地聊聊。"
* "不管你有什么感受都没问题，都是正常的。"
* "你不该承受这些。"
* "这对你来说肯定太艰难了。"
* "只要你想，任何时候，都可以谈谈它。"
* "感觉时好时坏是很正常的。"
* 提供特别的帮助："我做了点儿饭，什么时候给你送过去比较合适？"或者"我周二和周日下午没事，你什么时间方便，我过去帮你收拾收拾家？"
* 给予他们一个拥抱，或只是和他们坐一坐。

允许你的情绪和感受自由流淌,既不评判也不执着……让它们如溪水中顺势漂流的落叶,或天空中袅袅移动的白云从你心中经过。

信任你内心中拥有的力量。在你的心里，蕴藏着你需要的珍宝。

第三章

成长

悲伤有时让人感到生活完全不讲道理、不公平。我们往往找不到一个合理的原因来解释为什么会发生这样的事情。悲伤是生活中无法避免的部分，而且是痛苦的一部分……尽管对于这样的经历，我们找不到原因或理由，但本书的最后一部分仍旧期待给你带来一些希望和阳光。

当悲伤让人感到无法承受且不公平的时候，我们仍旧能从这个世界、从人生中和自己身上学到一些东西，这是悲伤之旅的副产品。

我们可能无法选择发生在我们身上的事情，但我们可以自己决定我们能从这些事情中获得怎样的意义，以及如何应对这些事情。我们需要尊重自己的悲伤，同时不让自己对生活的热情被痛苦折磨殆尽。

小贴士

我相信，在我内心深处，已然拥有成长和疗愈所需要的一切。

小贴士

我已经尽我所能做到最好了。

小贴士

疗愈的过程并非坦途。

小贴士

有时成长看起来既艰难又折磨人,直到你走出困境。

悲伤在一开始是纯粹的、无法抗拒的，会占据你脑海中的一切空间和注意力，它迫使我们学会必须给所有的情绪留有空间。处理和加工情绪的唯一方式，是允许它们如其所是。

悲伤的沉重，彰显着你所拥有的爱的力量。

用力挣扎也是
可以的。

你比你想象的更强大。

所有的感受都是合理的。

所有的感受都是被允许的。

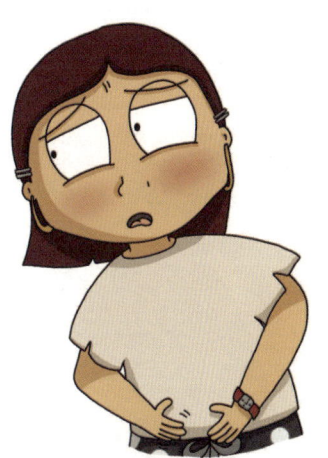

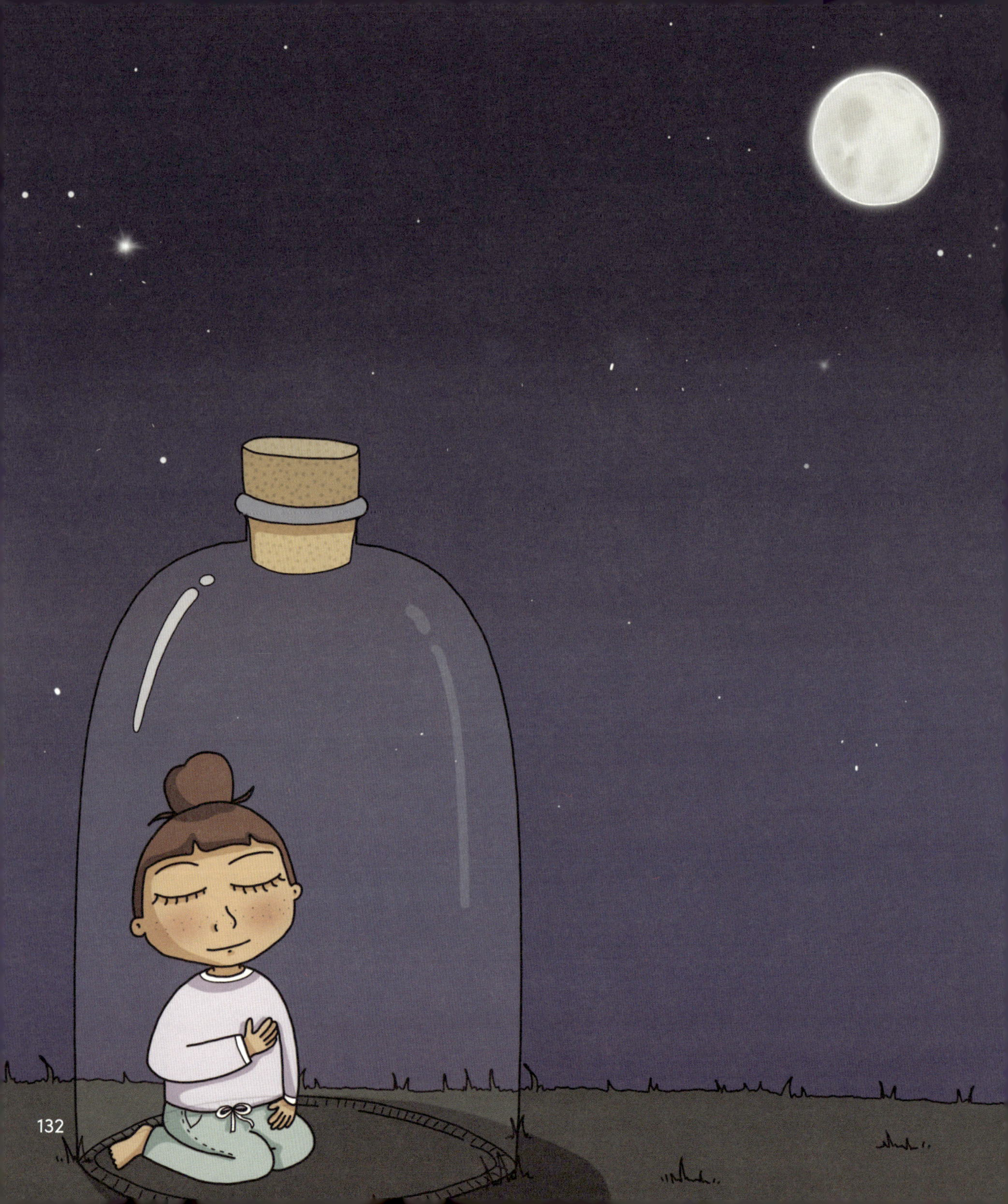

你的灵魂不该被压抑。
你生来就该在星空下起舞，
依你所愿享有你所需要的
全部空间。

有时候，悲伤告诉你真正珍贵的是什么……

它向重要的事情投去一束亮光……

在悲伤中，我们发现感恩。

只有经历失去，你才能明白，表达自己完全没问题。拥有不同的感受也没什么大不了。

许可证明

姓名：你的情绪

许可内容：被感受以及被表达！

通过

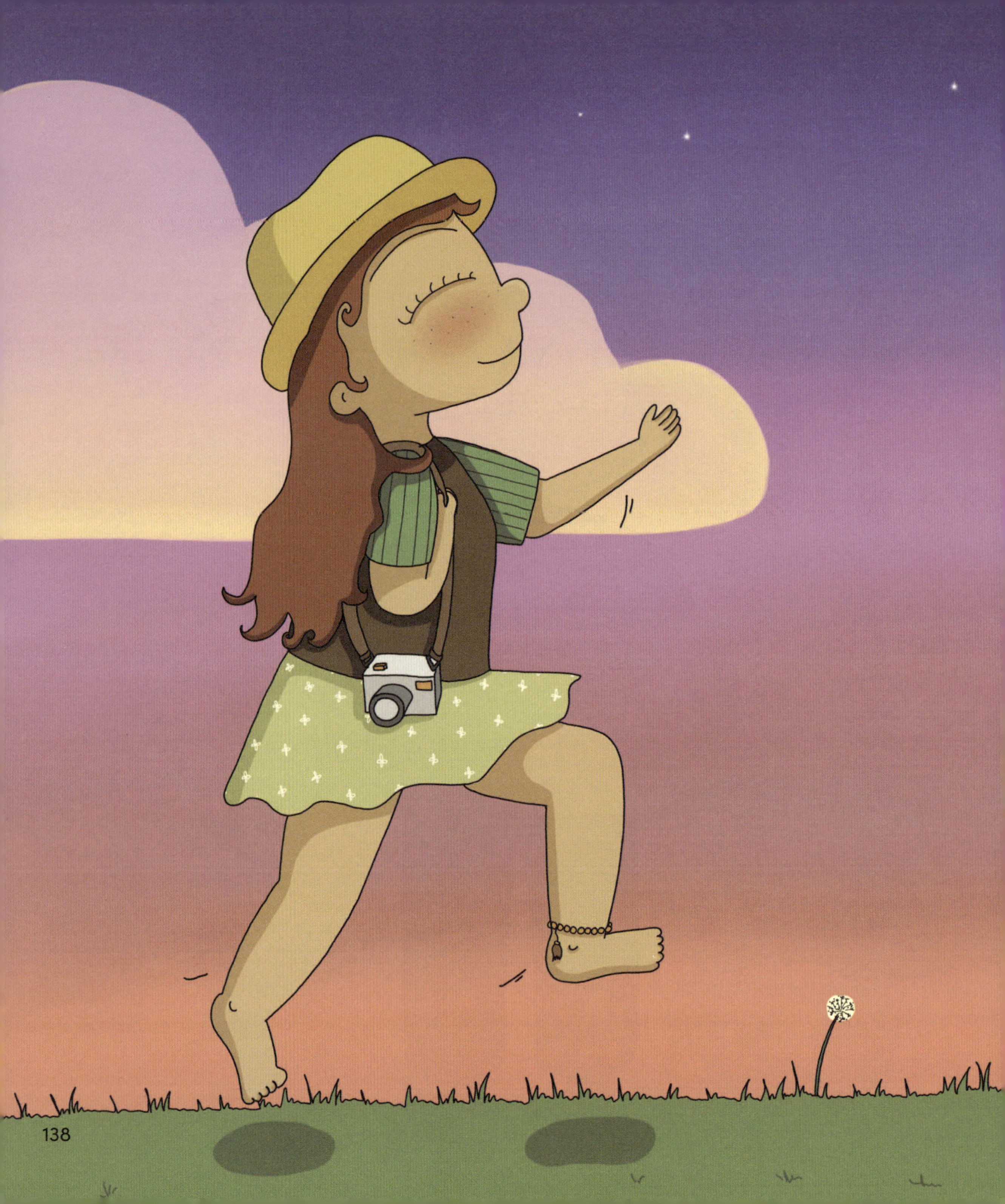

我们可以继续生活，并且是以从未想象过的方式。再次大笑毫无问题。再次痛哭也毫无问题。

生活里有你可以掌控的事情，也有你无法掌控的事情。

掌控之外

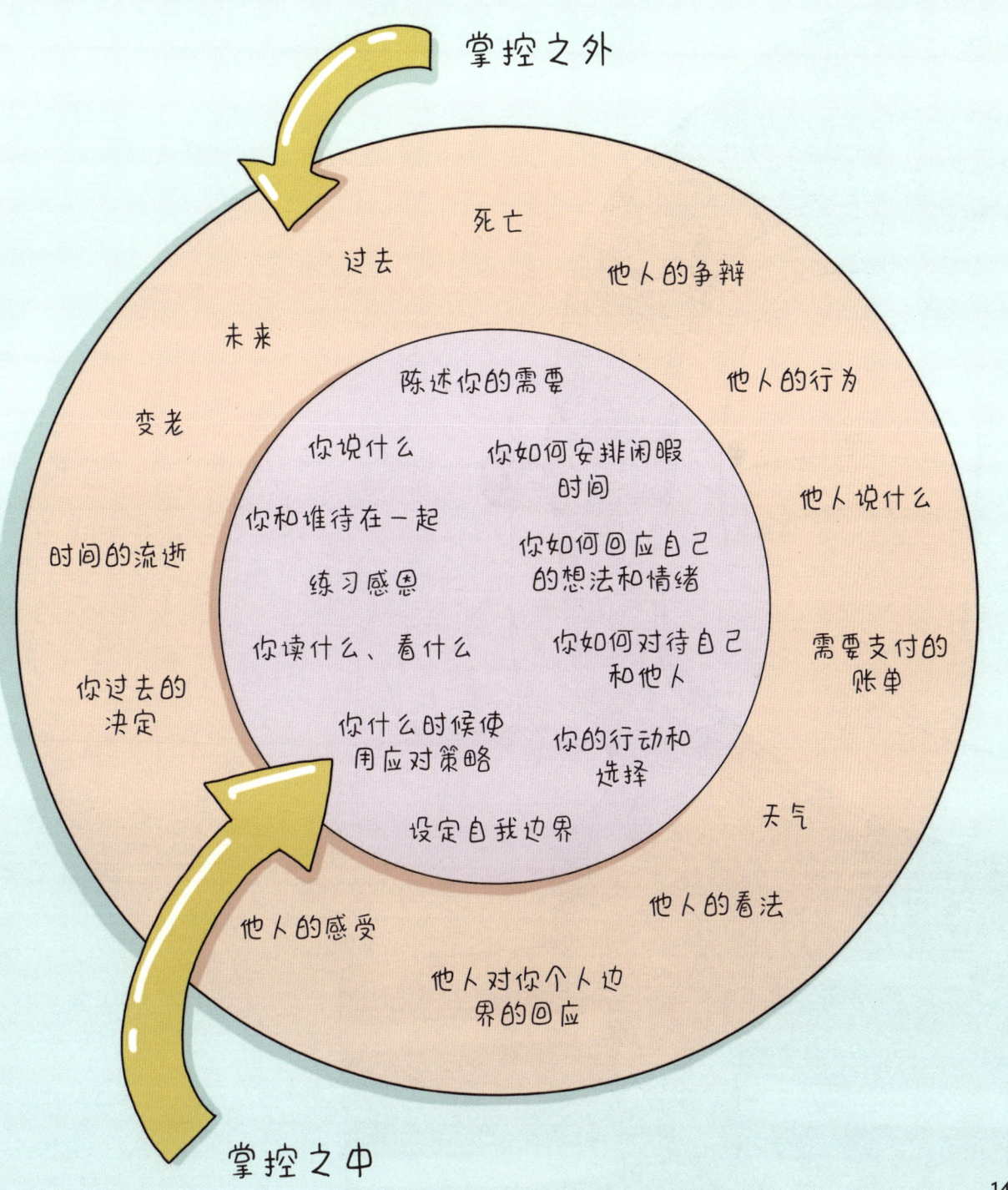

死亡

过去

他人的争辩

未来

他人的行为

变老

陈述你的需要

你说什么　你如何安排闲暇时间

你和谁待在一起

他人说什么

练习感恩　你如何回应自己的想法和情绪

时间的流逝

你读什么、看什么　你如何对待自己和他人

需要支付的账单

你过去的决定

你什么时候使用应对策略　你的行动和选择

设定自我边界

天气

他人的感受

他人的看法

他人对你个人边界的回应

掌控之中

141

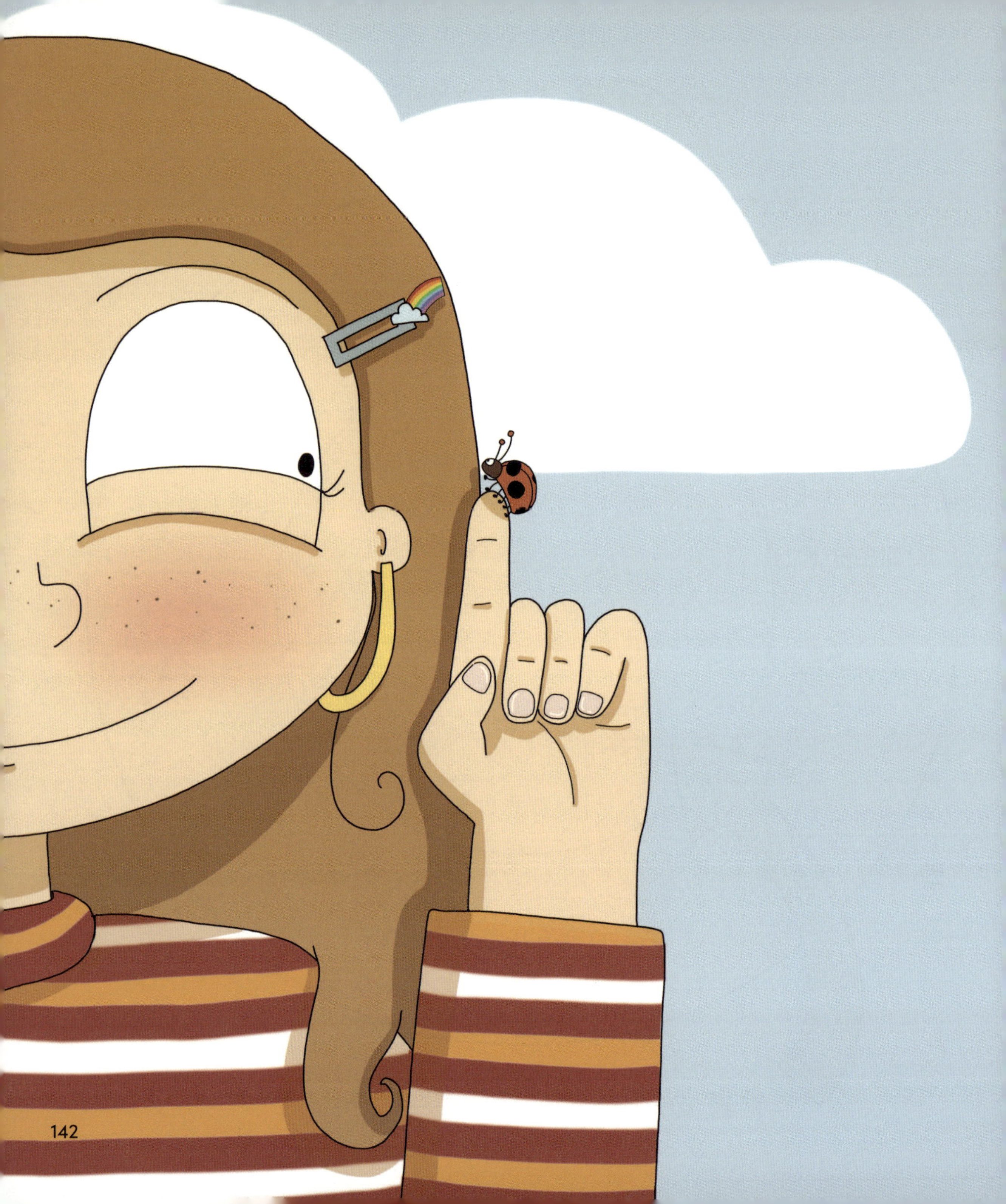

你会慢慢重新在小事情里找到快乐……聚焦于当下的小确幸，在平凡里发现伟大。

我们无法改变过去；我们只能
改变看待它的方式。

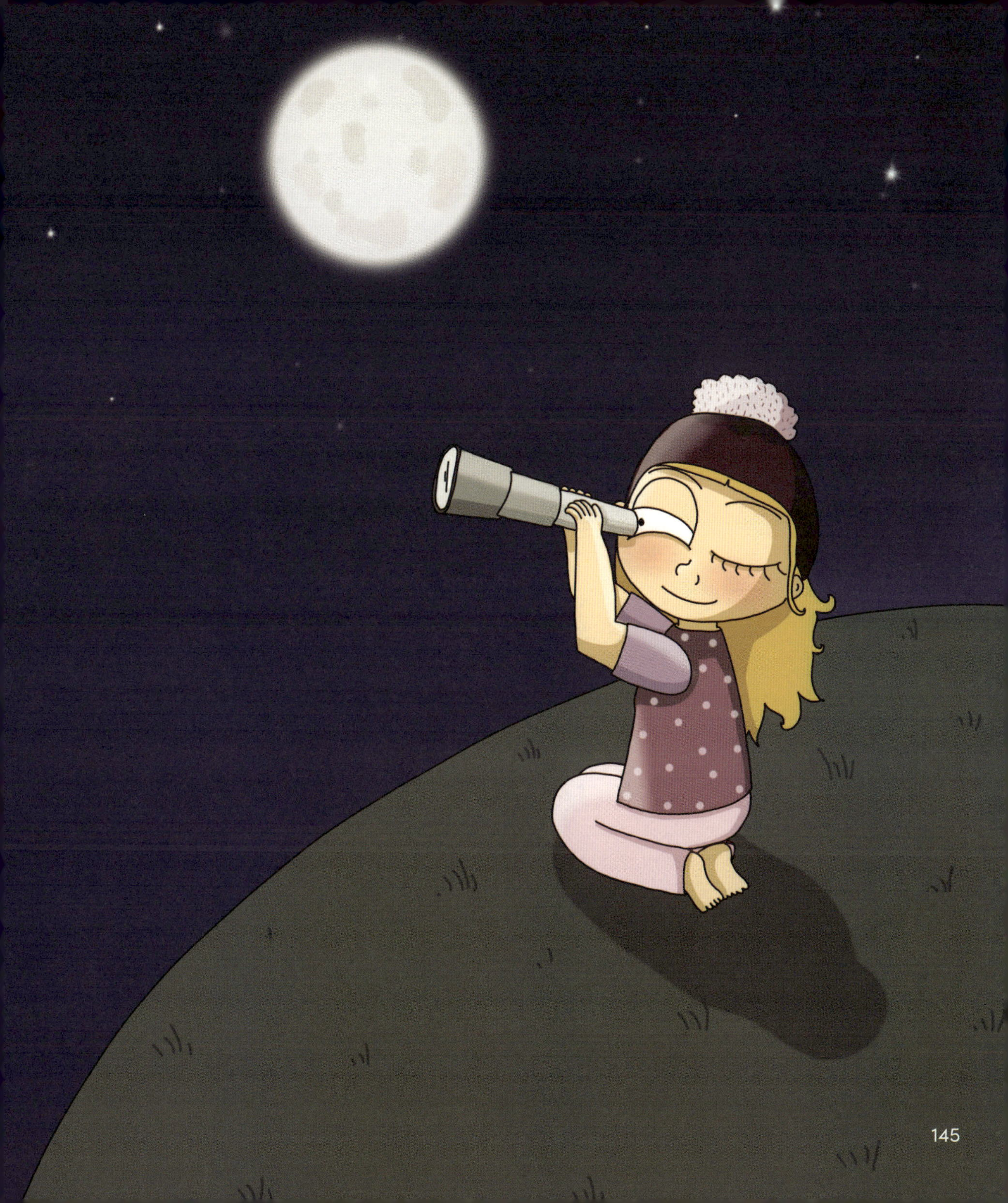

情绪像潮涨潮落……

……周而复始。

行愈沙柜

并非坦途

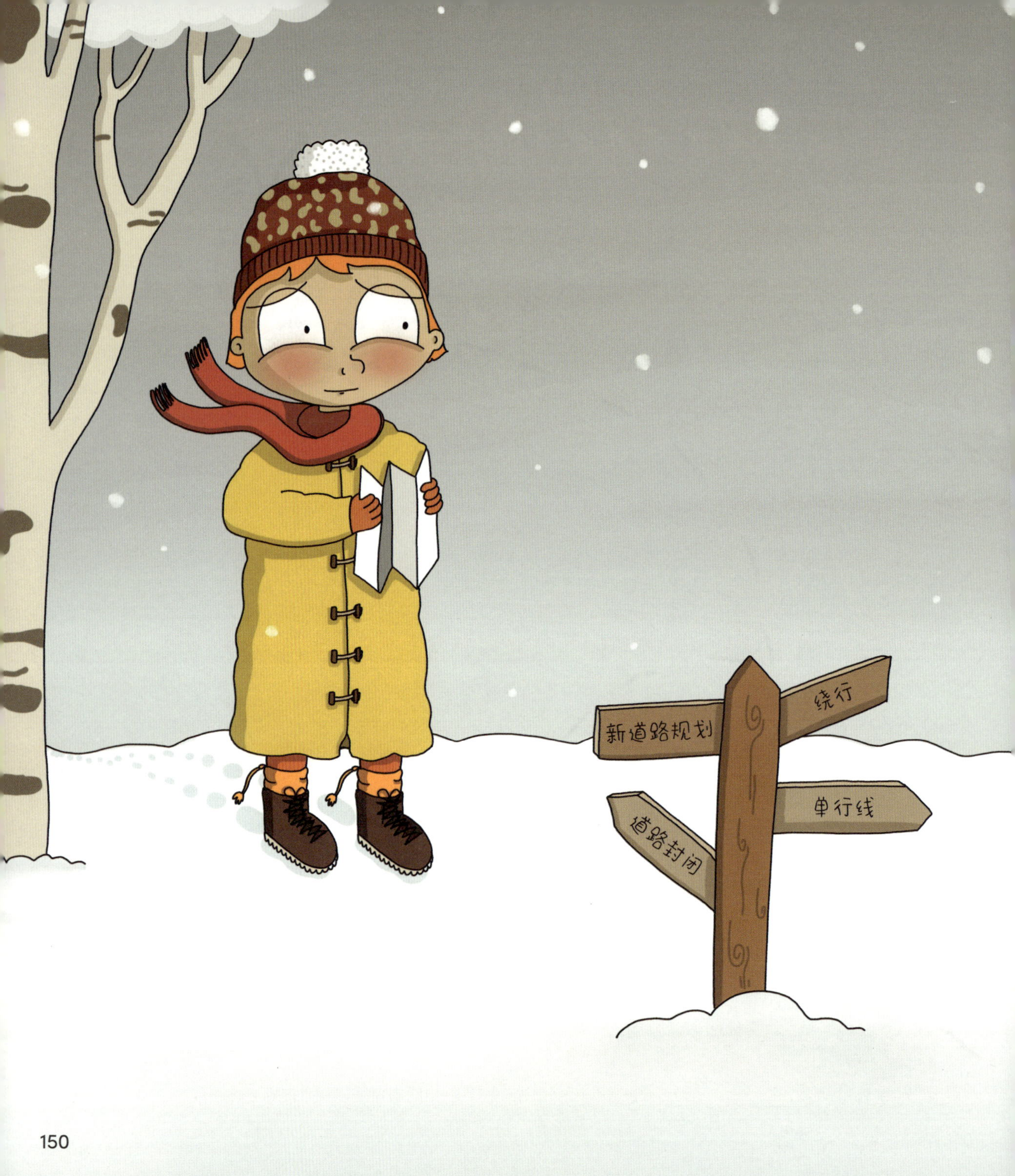
新道路规划
绕行
道路封闭
单行线

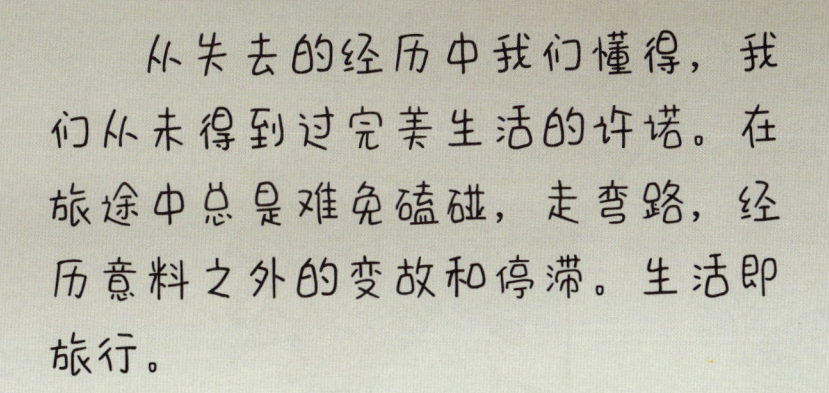

从失去的经历中我们懂得，我们从未得到过完美生活的许诺。在旅途中总是难免磕碰，走弯路，经历意料之外的变故和停滞。生活即旅行。

迄今为止，你已经从生命里曾经发生的所有艰难经历中幸存下来。

我们在生活中唯一被许诺的事情，是改变。

变化，永无终止。
悲伤，无处躲闪。
失去，不可避免。
成长，是一种选择。
而洞察和领悟是一种刻意练习。

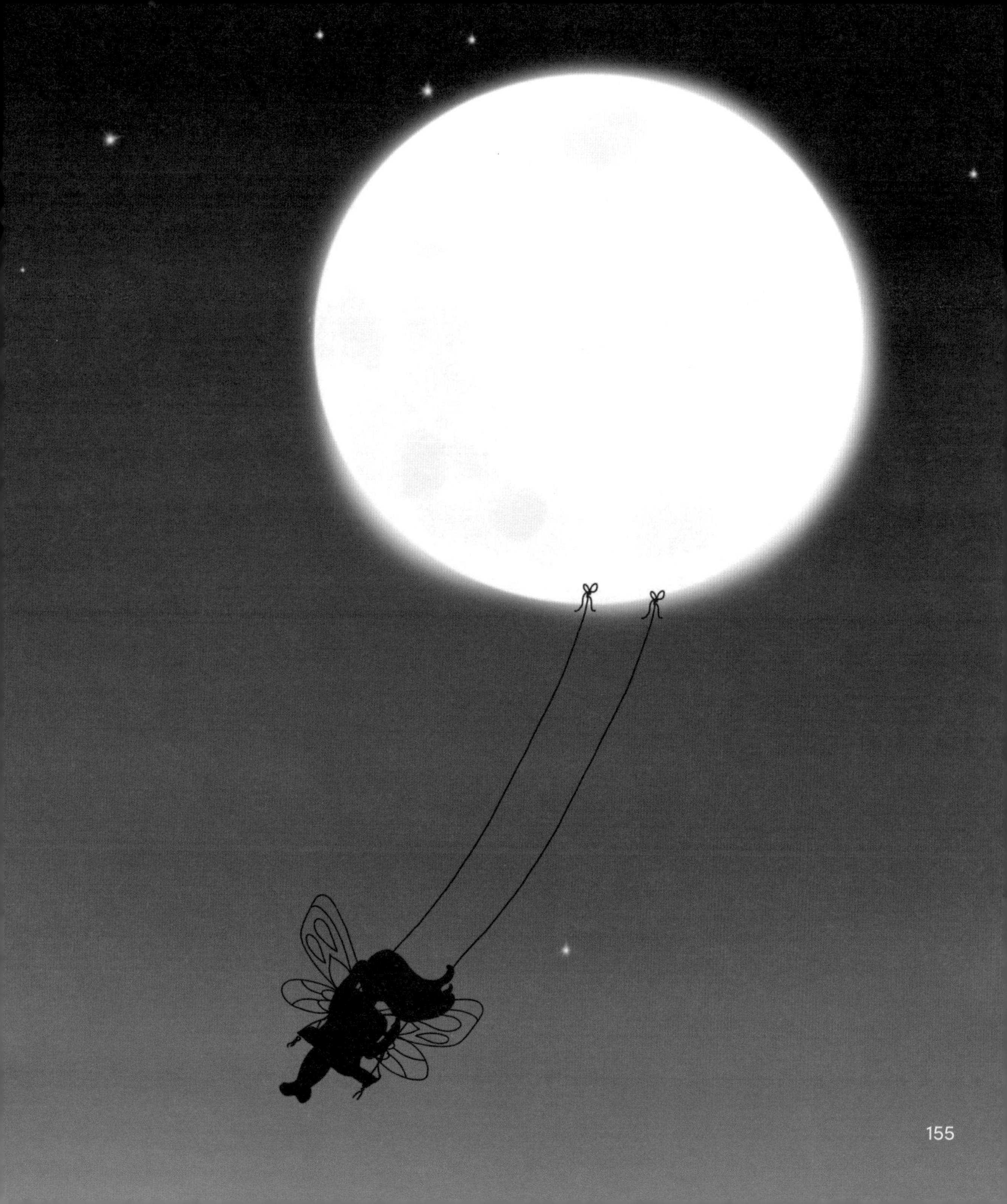

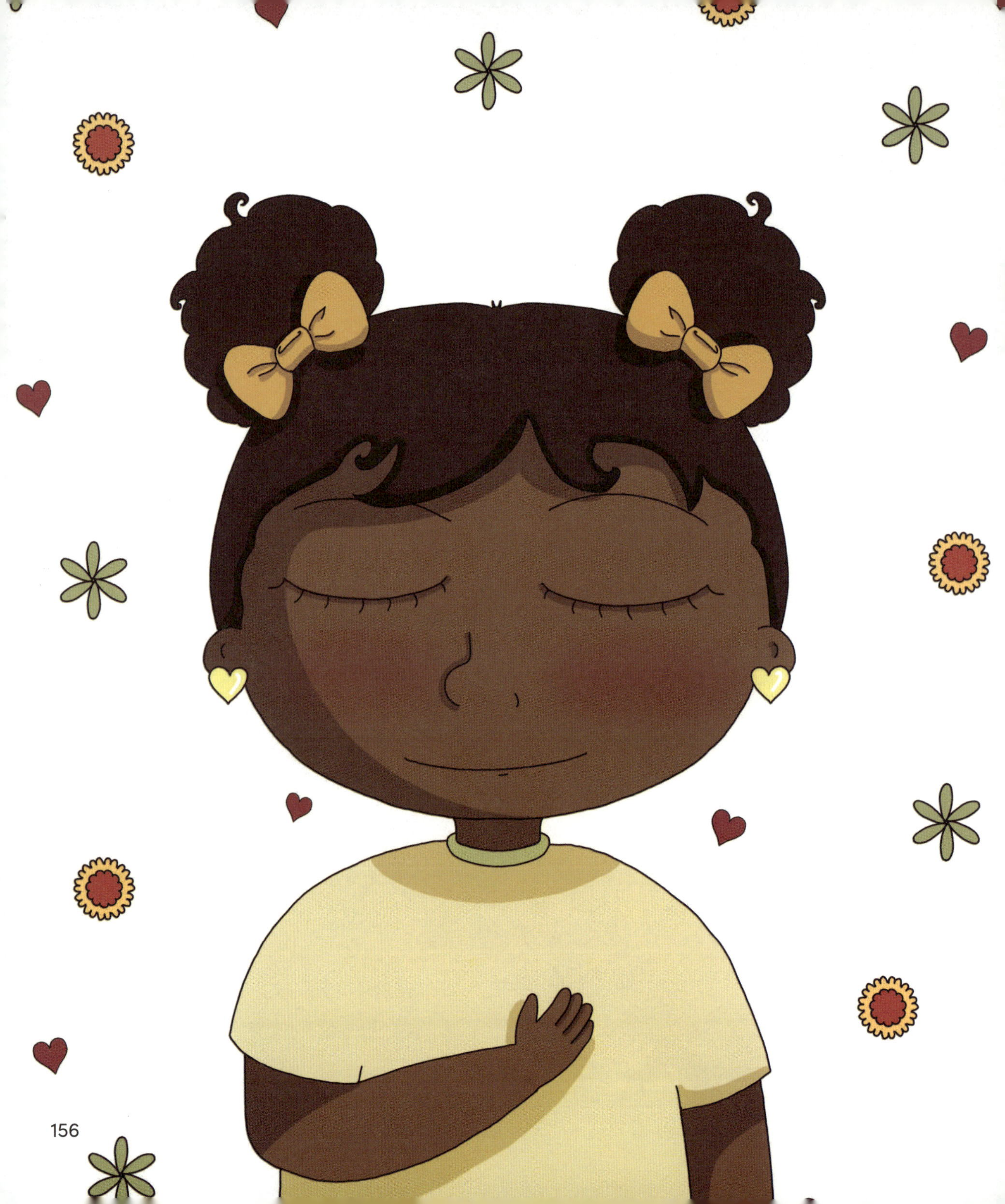

♥ 我感激生命中那些特别的人们。

✿ 我珍惜和所爱之人在一起的时光。

✾ 我感恩来到我生命里的启示和爱。

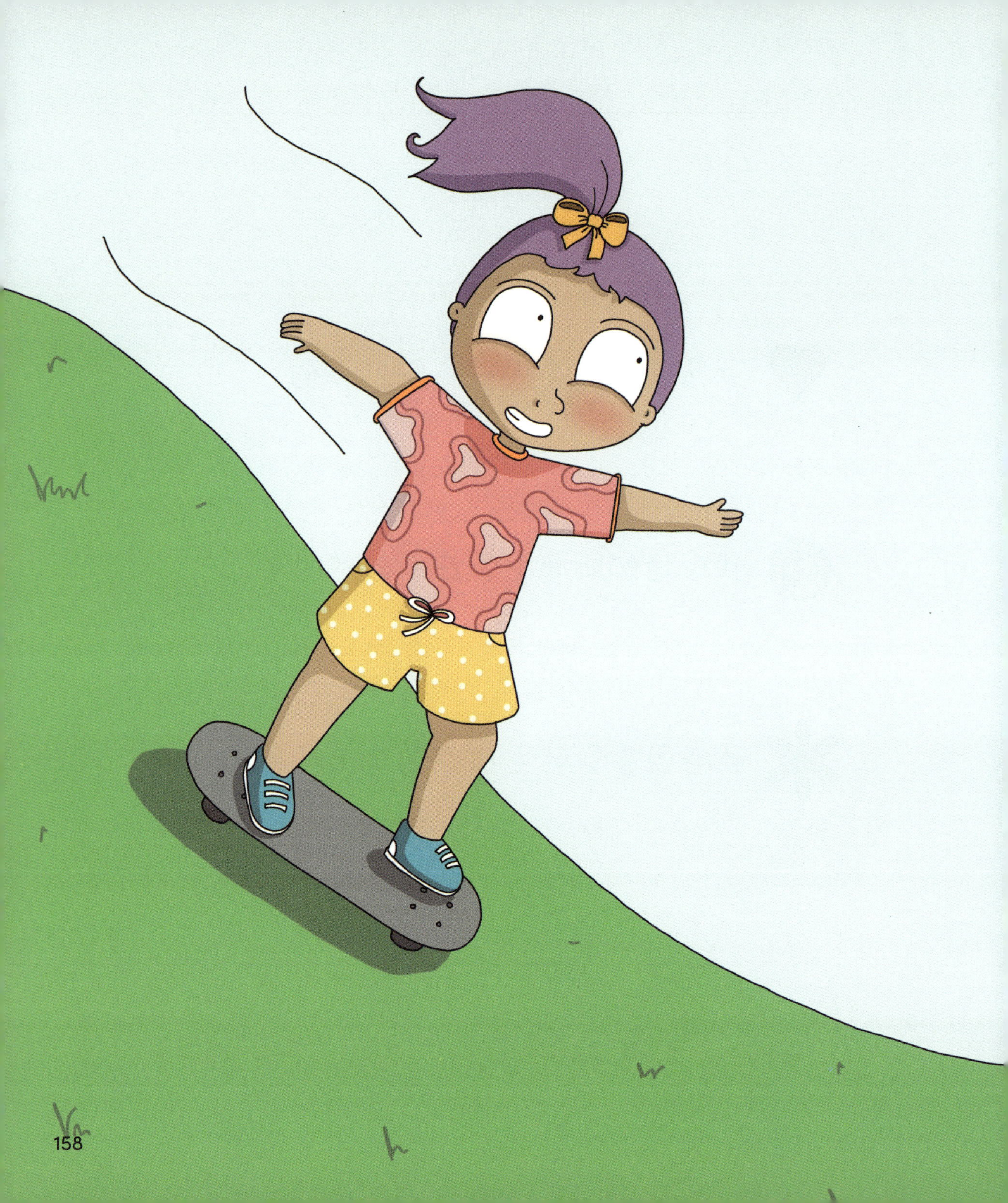

拥抱改变，而非与之抗衡。

你远比你想象中的自己更有能力。
你比你自以为的更坚强。

过去

对过往的执念只会助长后悔和难过。

现在

活在当下,这是一个让你可以立足、聚焦、重获平静的地方。

未来

担忧未来可能给你带来焦虑和压力。

你可以学着和不舒服的感受共处,学着拥抱你的情绪。

并非每件事都"事出有因";有时候艰难和可怕的事情无端而生。这并非你"自作自受"。这并不是你的错。

164

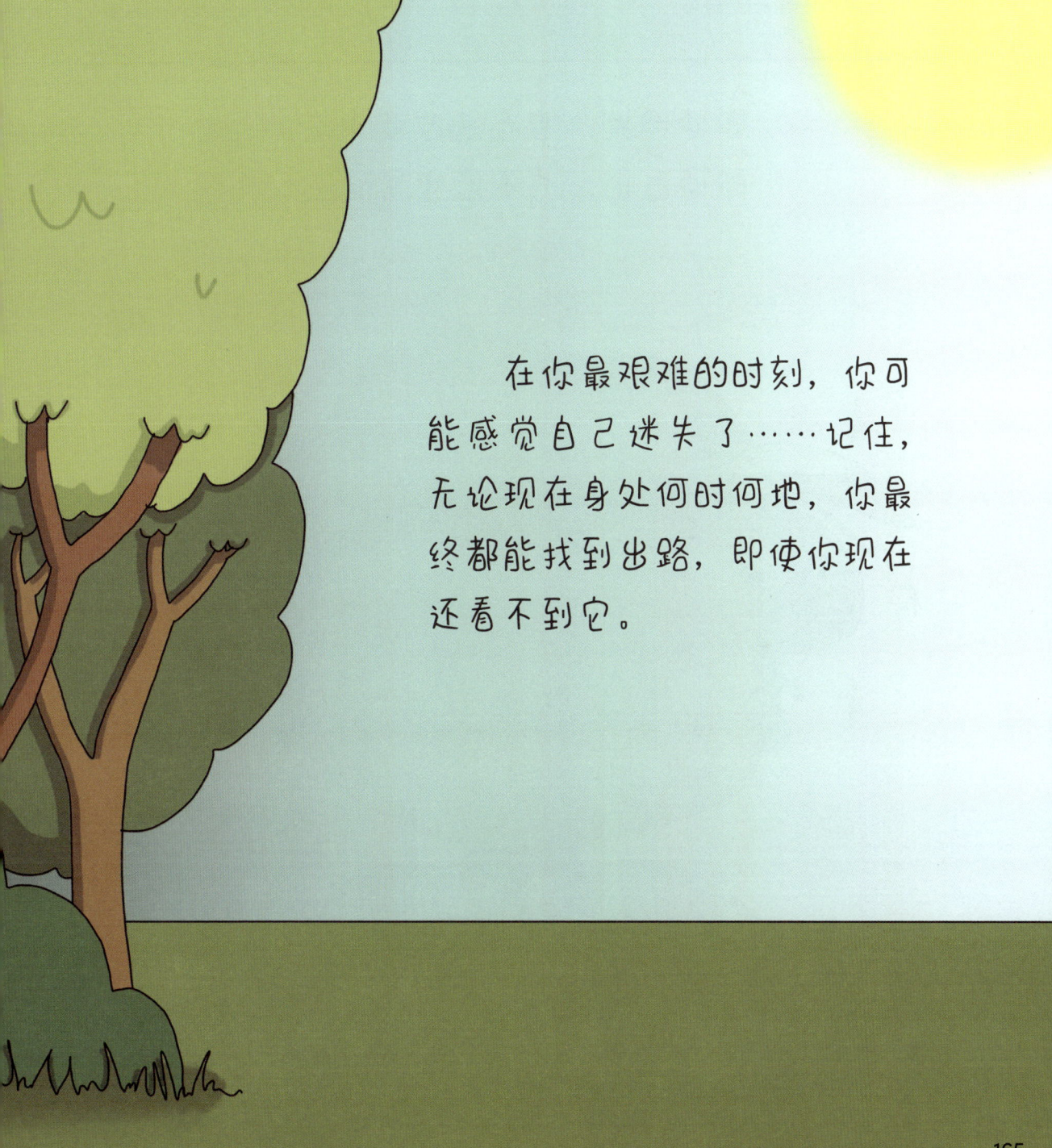

在你最艰难的时刻，你可能感觉自己迷失了……记住，无论现在身处何时何地，你最终都能找到出路，即使你现在还看不到它。

即使担忧，也无法改变未来。
即使后悔，也不能重写过去。

你的复原力比创伤要强大得多。

你会找到平和……
不是以全力掌控的方式，
而是通过接纳和放手。

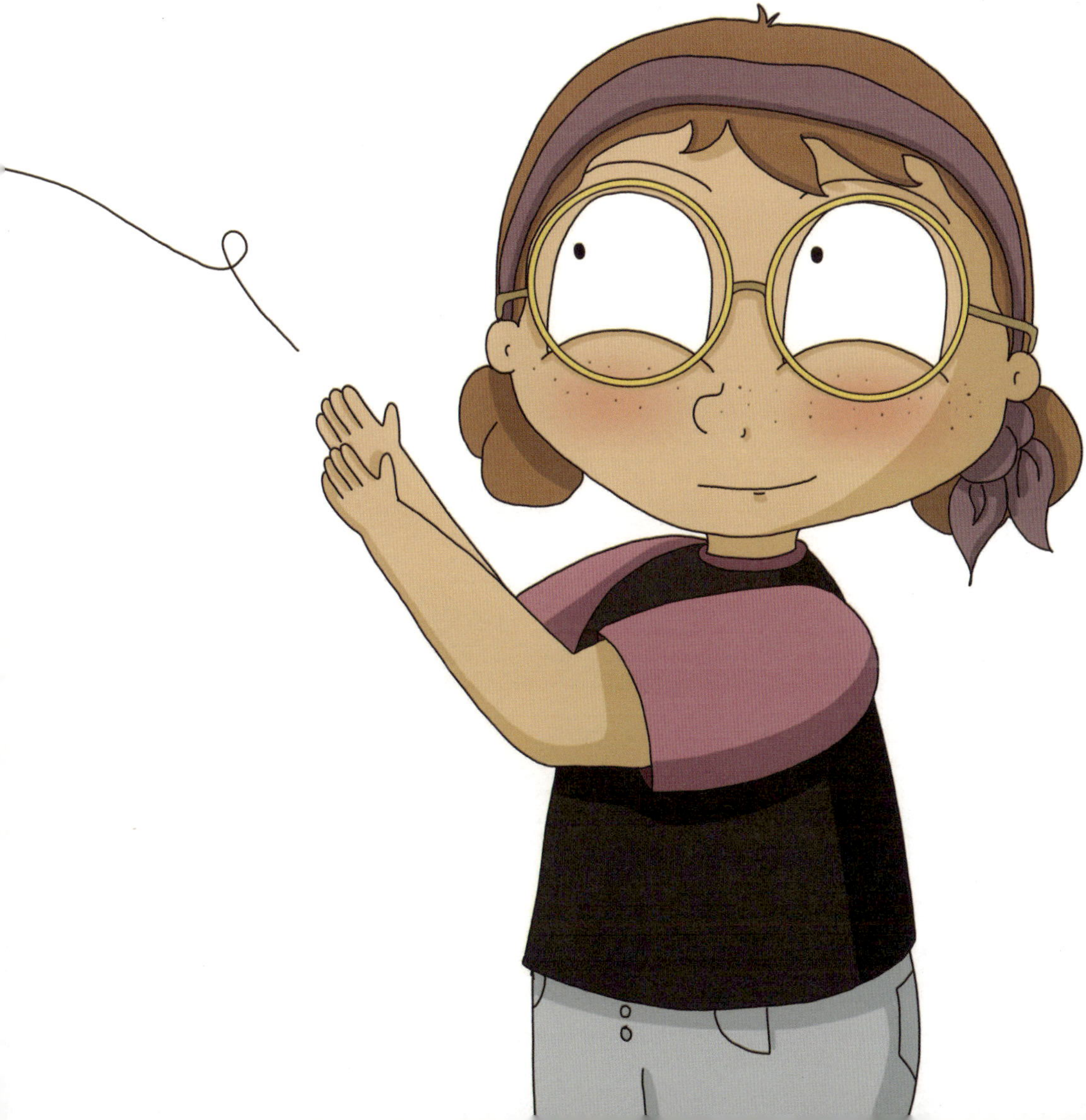

你足够强大，但也可以在需要时主动寻求帮助。

171

失去就是失去，
悲伤就是悲伤，
不管以什么形式呈现。

有时，只有通过失去我们才能意识到生命无价，意识到我们现在已经拥有多少。

悲伤会邀请你进入内心情感的深处。你可以允许自己如其所是，卸下"一切都好"的伪装……

……悲伤邀请你将注意力转向内心，让你开始内省，开始把自己和自我疗愈放在首位。

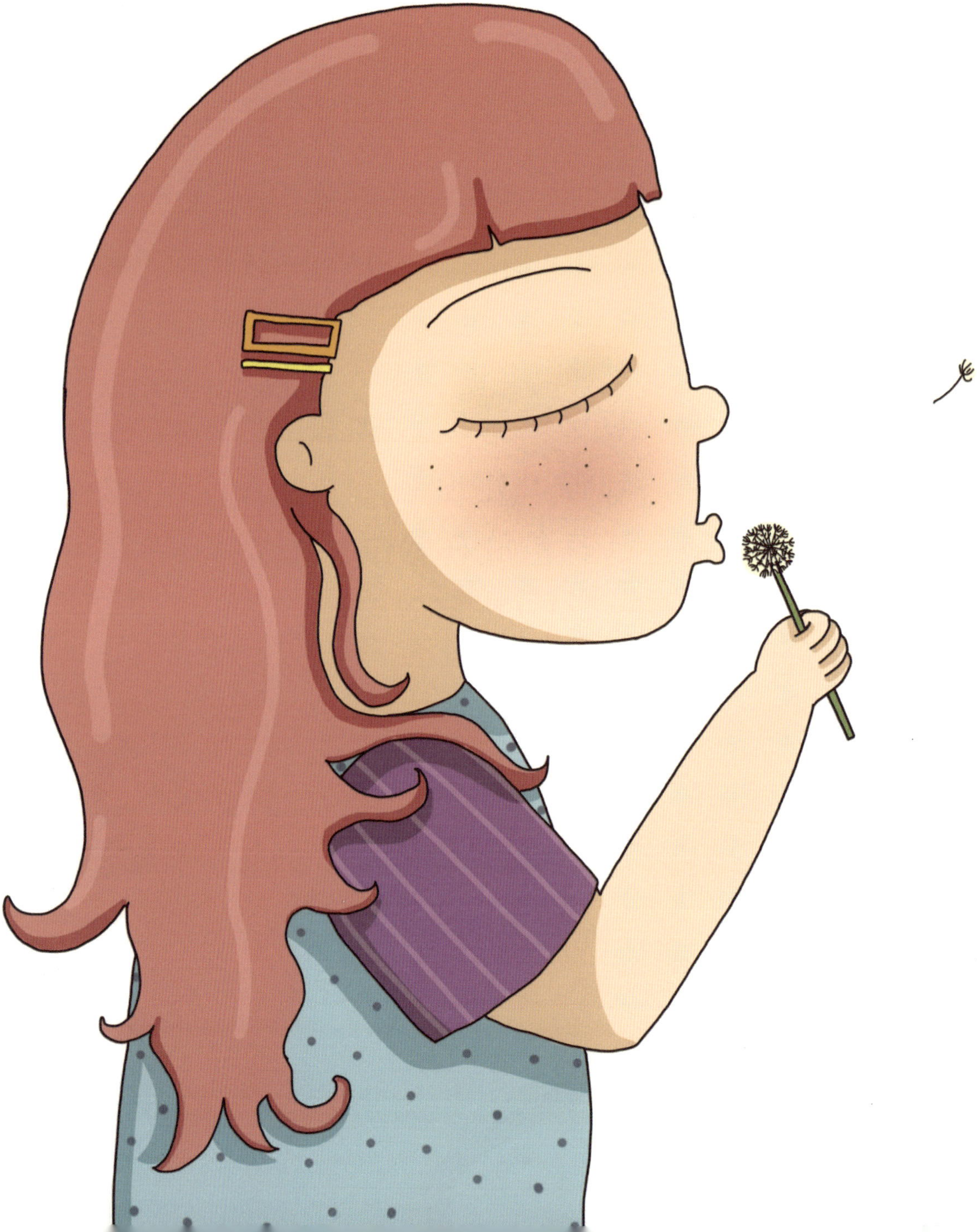

没有什么是永远不变的。

Words of Comfort: How to Find Hope by Rebekah Ballagh

ISBN：978-1-988-54786-2

Copyright © Rebekah Ballagh, 2022

First published in 2022 by Allen & Unwin Pty Ltd, Sydney, Australia.

Published by arrangement with Allen & Unwin Pty Ltd, Sydney, Australia through Bardon-Chinese Media Agency.

Simplified Chinese translation copyright © 2022 by China Renmin University Press Co., Ltd.

All Rights Reserved.

本书中文简体字版由 Allen & Unwin Pty Ltd, Sydney, Australia 通过博达授权中国人民大学出版社在中华人民共和国境内（不含香港特别行政区、澳门特别行政区和台湾地区）独家出版发行。未经出版者书面许可，不得以任何方式抄袭、复制或节录本书中的任何部分。

版权所有，侵权必究。